THE KING OF RIFLES

枪枪之王

AK47

传奇 LEGEND

周明 著

上海社会科学院出版社
SHANGHAI ACADEMY OF SOCIAL SCIENCES PRESS

图书在版编目（CIP）数据

步枪之王：AK47传奇 / 周明著 . — 上海 ：上海社
会科学院出版社 ，2023

ISBN 978-7-5520-4105-7

Ⅰ．①步… Ⅱ．①周… Ⅲ．①自动步枪－介绍 Ⅳ．
① E922.12

中国国家版本馆 CIP 数据核字 (2023) 第 067957 号

步枪之王：AK47 传奇

著　　者：周　明
责任编辑：霍　覃
封面设计：周清华
出版发行：上海社会科学院出版社
　　　　　上海市顺昌路 622 号 邮编 200025
　　　　　电话总机 021-63315947 销售热线 021-53063735
　　　　　http://www.sassp.cn E-mail:sassp@sassp.cn
印　　刷：上海普顺印刷包装有限公司
开　　本：720 毫米 ×1000 毫米　1/16
印　　张：14.5
字　　数：180 千
版　　次：2023 年 8 月第 1 版　2023 年 8 月第 1 次印刷

ISBN 978-7-5520-4105-7/E・036　　　　　定价：69.80 元

前言

说到现代枪械，苏联的 AK47 绝对是大名鼎鼎，不要说熟悉军事的军迷，就是对军事少有了解的普通人，十有八九也都听说过 AK47。甚至有很多人，只要一提到现代步枪的样式，马上就会想到 AK47 刚劲威猛的外形。毫不夸张地说，AK47 是现代步枪出现以来，知名度最高的一种步枪，被誉为"步枪之王"是名副其实的。

首先要纠正一个人们长期以来的误区，AK47 到底应该怎么读？AK47 准确的读法应该是"阿卡 47"，因为这里的 AK 并不是英文字母，而是俄语"Автомат Калашникова"的首字母缩写，俄语"Автомат"是自动步枪的意思，"Калашникова"则是这款经典步枪的设计者卡拉什尼科夫的名字，47 是这款突击步枪定型的年份——1947 年。

从专业的枪械评价角度来说，AK47 射速高，威力大，结构简单，坚固皮实，性能可靠，火力凶猛，便于生产和日常维护，再加上价格低廉，整体而言，确实是一支非常成功的枪械。尽管 AK47 问世于第二次世界大战之后，错过了这场波澜壮阔的军备大战，但是在 AK47 诞生的年代，它绝对是一款非常先进的步枪，并且被部署于几乎所有的战后局部战争，表现非常抢眼，赢得了广泛赞誉。AK47横空出世70多年以来，AK47的改进型、衍生型以及各国仿制型层出不穷，整个AK47大家族林林总总的各种型号加在一起，总产量超过了1亿支，这也是世界上产量最大的步枪枪族。使用AK47的国家和地区，从严寒的北极到酷热的赤道，从潮湿的雨林到干旱的沙漠，遍及全球。它的产量之大，使用国家之多，参加战争之多，在枪械发展历史上都是前所未有的。这充分说明了AK47的成功。

当然，AK47的成功在于它已经不仅是一款武器，更是在20世纪五六十年代作为苏联输出革命的标志性符号，成为亚非拉一些殖民地国家争取民族独立和自由解放的象征。这也使得AK47多了一层"革命"的光环。连莫桑比克的国旗上都有AK47的图案。随着时光流逝，AK47更是逐渐被神化，优点被无限放大，成就了被很多AK迷津津乐道的AK神话。

在枪械发展历史上，从来没有一种枪械被这样推上巅峰，AK47的王者之称实至名归。

而很多人并不清楚，这款经典名枪的设计者竟然是一位初中毕业的业余枪械设计师，他就是后来被推崇为枪械设计大师的米哈伊尔·季莫费耶维奇·卡拉什尼科夫。他是如何从一个名不见经传，半路出家的业余设计师，经历了怎样的曲折坎坷，才最终修成正果，超越了无数比他学历高、比他著名的设计师，设计出这样一款如此经典如此成功的步枪？

卡拉什尼科夫的人生仿佛一出精彩纷呈的传奇，他的名字也因设计出如此优秀的作品而永远铭刻在人类枪械发展历史的丰碑上。

70多年来，AK47的设计并没有故步自封，而是在不断改进、提升和发展。在它诞生后不久就出现了第二代的AKM，再以后又出现了第三代的AK74；口径上最初为7.62毫米，随着世界上步枪小口径化的潮流，到20世纪70年代出现了小口径化的5.45毫米，2000年以后，还出现了为

图 0-1 充满力量与肃杀之气的 AK47 突击步枪。

了便于出口而特制的北约制式的 5.56 毫米口径。AK 大家族的各种衍生型号、变异口径，在性能上又有哪些优劣？这些方面将在书中一一揭密。

整个 AK47 的演变发展史就是一部第二次世界大战后现代步枪演化进阶史的缩影，研究 AK47 三代衍生型号的发展。可以很清晰地触摸现代枪械发展演变的脉络。这也是 AK47 枪族的一大特点，其他枪械远远没有像 AK47 这样时间跨度长达 70 多年的演化进阶过程，一般能有三四个衍生型号就已经很不错了，几乎没有 AK47 那样的可以紧随着现代枪械的发展而发展。

除了 AK47 本身的这些情况，本书还将对 AK47 的中国仿制型 56 式冲锋枪[①]的情况也进行了重点介绍。

---

① 作者注，这个冲锋枪的概念，现在看来显然是错误的。因为冲锋枪的定义就是使用手枪弹的单兵自动武器，56 式并不是使用手枪弹，而是步枪弹。之所以会被命名为冲锋枪，只是因为当时我们对冲锋枪和突击步枪的定义，以及战术使用的理解还不够深刻，所以认为 56 式就是作为冲锋枪来使用，也就这样将错就错了。

对于 AK47 相关的各种传闻轶事，本书也有涉猎，希望能够通过这样的安排，使读者能够对 AK47 有一个全景式的了解。

我们非常希望能够通过这本书引领大家走进 AK47 的世界，领略一代枪王卡拉什尼科夫的风采，见识"步枪之王"的传奇历程，感受这段在血与火中锤炼的历史。

目 录

1	第一章 从步枪到突击步枪
21	第二章 一代枪王的传奇人生
39	第三章 AK47 横空出世
71	第四章 中国版 AK 47：56 式冲锋枪
93	第五章 56 式冲锋枪的改进、衍生型号
129	第六章 AK47 的优化改进型 AKM
157	第七章 AK47 的小口径版 AK74
193	第八章 AK 的传说究竟是真是假
223	致 谢

在人类的历史长河中，武器的发展主要可以分为冷兵器和热兵器两大时代，即便现在进入了导弹武器和核武器时代，说起来也还是在热兵器的大范畴之内。

所谓冷兵器，一般是指不利用火药、炸药等热能打击系统和化学能推进手段，在战斗中直接杀伤敌人保护自己的武器装备。在中国整个冷兵器时代从史前一直持续到清朝，包括了石器兵器、青铜兵器、铁兵器以及冷热兵器并存四个阶段。在中国古代，冷兵器有"十八般兵器"之说，包括弓、弩、枪、棍、刀、剑、矛、盾、斧、钺、戟、殳、鞭、锏、锤、叉、钯、戈，当然冷兵器远远不止这十八种。

相对冷兵器，热兵器又叫火器，在中国古代则被称为"神机"，是指利用推进燃料快速燃烧后产生的高压气体推进发射物的射击武器。传统的推进燃料为黑火药或无烟炸药。

热兵器的前提就是火药的发明。火药是中国古代四大发明之一，没有火药，热兵器自然也就无从谈起。中国对热兵器的贡献还远不止发明火药，就连热兵器最早也是中国发明的。1132年，一个叫陈规的南宋官员，发明了一种竹制的火枪，这是人类历史上第一种管状火器，现在被公认为现代枪械的鼻祖。后来阿拉伯人把这种管状火器带到了欧洲，欧洲人对这种新奇的武器产生了极大的兴趣，进行了非常深入的研究，想要在此基础上研制出更厉害的武器，经过几代人的不懈努力，最终一步步发展到了现代的枪械。

1256 年，南宋的兵器工匠在陈规火枪的基础上多次改进，发明了突火枪，虽然还是用竹子做枪管，但尺寸比陈规火枪更小，更加便于携带。后来蒙古人又在突火枪的基础上，用铁管代替竹管做枪管，更是大大提高了实用性。13 世纪，成吉思汗的蒙古铁骑西征欧洲，就曾经大量使用火器，这也让西方人第一次见识到了火器的威力。随后几百年间，中国的枪械几乎没有什么发展，几乎可以说是完全停滞不前；而在欧洲，火器的研制和发展可谓一浪接一浪，先后出现了火门枪、火绳枪、燧发枪、火帽枪等各式枪械。

首先是火门枪，它因发射管的下端有一个用来点燃火药的火门而得名。中国唐宋时代的火铳就是火门枪的雏形。真正的火门枪是 14 世纪 20 年代在欧洲最早出现的。火门枪发射管的尾端接一根被称为"舵杆"的木棍或长矛，以便射手握持、瞄准和控制。火门枪的发射一般需要两个人。发射时，要将黑色火药从枪的前膛口装入，然后再塞入诸如石弹、铁弹、铜弹或铅弹一类的弹丸，接着用烧得红热的金属丝或木炭点燃火门里的火药，从而将弹丸射出。发射时，两名枪手分别负责瞄准和点火。当然一杆火门枪需要两个人来操作，很不方便，在实战中运用也很麻烦。后来德国的黑衣骑士就对这种原始的火门枪进行了改进，发明了可以单人操作的小型火门枪。

之后，欧洲人又在火门枪的基础上继续加以改进，就出现了火绳枪。

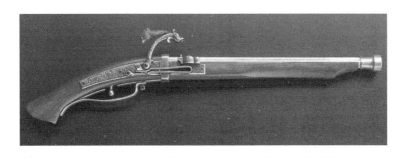

图1-1 在世界枪械发展史上占据重要地位的火绳枪。

火绳枪靠燃烧的火绳来点燃枪膛中的火药,将弹丸发射出去。火绳枪比火门枪使用简便得多,真正具备了实战应用的价值。是现代枪械最直接的原型。伴随着火绳枪的诞生,人类战争才真正从冷兵器进入到热兵器时代。

接下来出现的是燧发枪,1547年,钟表匠出身的法国人马汉发明了燧发枪。他在转轮火枪的基础上取消了发条钢轮,并在击锤的钳口上夹一块燧石,传火孔边上设有一个击砧。射击时,扣引扳机,在弹簧的作用下,将燧石重重地打在火门边上,冒出火星,引燃火药进行击发。整个过程大大简化了射击的程序,提高了发火率和射击精度,枪的使用更为方便,而且成本较低,便于大量生产,所以很快就成了很多欧洲国家大量装备的主流武器,从16世纪50年代一直使用到19世纪50年代,整整三百年间,它都是欧洲最主要的枪械。

从火门枪、火绳枪一直到燧发枪,都是从枪膛口装弹的前膛枪。前膛枪使用的弹丸,不但射程近威力小,而且装弹也不方便,这些缺陷都限制了枪械的发展。直到1807年,英国人亚历山大·福赛斯发明了含雷汞击发药的火帽,击发火帽就可以引燃发射药,发射弹丸。继而又出现了将弹头、发射药和带有金属底火纸的弹壳一体化的定装式枪弹,不但大大简化了装弹程序,而且有利于密闭火药燃气,为后装枪的发展创造了条件。

定装式枪弹的出现是革命性的，枪械的发展和弹药的发展，两者密不可分，是一个完整的体系。随着定装式枪弹的问世，后膛枪的出现才成为可能。

　　1836年，德国人约翰·尼古克斯·德莱赛发明了从后膛装弹药的针发枪。1841年，德莱赛解决了针发枪的几项关键技术后，研制出了德莱赛步枪。所谓针发枪，就是用击针击发子弹的步枪。扣动扳机后，枪机上的长杆形击针刺破纸弹壳，撞击底火，引燃发射药，将弹丸射出。德莱赛步枪横空出世，相对于前膛枪它的优势是显而易见的，所以很快就被各国大量装备，由此德莱赛步枪也就成了世界上第一种被大量装备使用的后膛装填步枪。

图1-2　1841年，德国人约翰·尼古克斯·德莱赛解决了针发枪的几项关键技术后，研制出了德莱赛步枪，这也是世界上第一种被大量装备使用的后膛装填步枪。

　　随着德莱赛步枪的出现，现代意义上的步枪的特征也逐渐明晰。现代意义上的步枪要有三个基本特征，一是转栓式枪机，二是弹仓，三是定装弹药。枪机是步枪上的一个重要部件，是枪械上用来完成推送子弹进枪膛、闭锁枪膛、击发子弹、开锁、退出子弹壳等动作的机构。从前膛装弹到后膛装弹，一开始都是装一发打一发，所以也叫单打一。这样射击速度太慢了，于是在枪械上就出现了预先可以一次性装入几发子弹的地方，这就是弹仓。

子弹对于枪械非常重要，甚至可以说是枪的灵魂！最初的火枪是发射圆形石子，后来将铁熔炼成圆球，并且塞入枪膛中发射，这可以算是历史上的第一种弹丸。但是铁质弹丸熔炼起来比较费工夫，且铁质弹丸质地比较硬，很容易损伤枪管。所以到了16世纪，开始出现熔点比较低，质地比较软的铅弹丸。因为铅的熔点低，加工很容易，所以不用后方生产，在前线直接生火架上锅子就能把铅块融化，然后把铅水灌到模子里就可以做成铅弹丸。加上铅本身质量较重，击中人体之后容易扩张变形，加大人体损伤，所以直到今天，铅还是弹头的主要材料。到了17世纪，由于很多枪手控制不好火药量，装少了弹丸打不出去，装多了又容易炸膛，就出现了将弹头和火药整个用油纸包好，要装入枪膛的时候把纸包撕开，再从枪口装进去，再拿棍子捣结实，这就是最原始的定装弹药。

19世纪30年代，英国军官约翰·诺顿上尉发明了一种锥形、尾部空心的弹头。这样的设计可以使得子弹的直径比膛线略小，但发射时通过火药燃气冲入子弹的空心尾部，使得空心尾腔膨胀起来，这样就能够贴紧膛线，从而让弹头随着膛线旋转，飞出枪膛。随后英国人威廉海姆·格林纳进一步改进了这种设计，在空心尾部后边加了一个木塞以增强膨胀的效果。最后法国军官克劳德·艾迪尔内·米涅在英国人的设计基础上进一步改进，发明出了米涅弹（旧译"米尼弹"）。米涅弹就是圆头柱壳铅弹，这种子弹比步枪口径略小，所以一举解决了旧式步枪前装子弹时，由于子弹过大导致塞不进枪管或堵塞枪管的尴尬情况。米涅弹可以很轻松地推弹杆推入枪膛，从而大大提高了射速。而且米涅弹在弹体上还加工了螺纹来配合膛线，螺纹中间用动物油脂填塞，子弹的底部使用软木材料。射击时，火药气体冲击软木，软木受到瞬间冲击后猛然撑大子弹。由于子弹被撑大，所以在发射瞬间就可以依靠枪弹本身完成膛室的密封而不会泄露火药气体。这样就解决了过去前装枪膛室密闭不严的问题，大大提高了射速、射程和安全性。

图 1–3 法国人克劳德·艾迪尔内·米涅发明出了米涅弹，就是圆头柱壳铅弹，这种子弹比步枪口径略小，所以一举解决了旧式步枪前装子弹时，由于子弹过大导致塞不进枪管或堵塞枪管的尴尬情况。

　　米涅弹出现后，滑膛枪的时代也就彻底结束了。这时枪虽然已经出现了，但是闭锁的问题还是没有得到根本解决。前膛枪是不存在闭锁问题的，枪管就是一根后部封闭的管子。但后膛枪的后面是开放的，必然要解决闭锁问题。其实闭锁就是个可以活动的机括，这导致了子弹在击发的时候，相当一部分火药燃气会从不那么密封的后膛闭锁中喷出来。这些浪费的火药燃气就会让子弹的射程大打折扣。

　　直到 19 世纪 40 年代，法国人卡米希尔·里福瑟发明了金属弹底，横针击发，解决了这个问题。易延展的铜质底壳在火药膨胀时能贴紧枪机闭锁面，让弹壳内的火药燃气不泄露，全部用在发射子弹头上。这种子弹就是金属定装弹。

子弹和枪械是相辅相成的，子弹的进步，推动了枪械的发展，同时枪械的不断发展，也对子弹不断提出更高的要求。

最早的现代意义上的步枪就是手动步枪，也叫栓动步枪，就是拉动枪栓让子弹上膛，然后扣动扳机将子弹击发出去。早期的手动步枪拉一次枪栓只能装填一发子弹，打出子弹之后还要退出子弹壳才能再次拉栓装填下一发子弹。后来出现了弹仓，可以在弹仓一次性装填多发子弹。有了弹仓之后，只要连续进行上弹与退弹的动作就可以持续射击，直到弹仓里的子弹打完为止，这个显然比装一发打一发的早期手动步枪先进多了，所以很快弹仓就成了手动步枪的主流。从 18 世纪下半叶到 19 世纪中叶，都是手动步枪的时代，在第二次世界大战中，手动步枪是各国军队最主要的步兵武器。

最典型的手动步枪，就是日本的三八大盖，因枪机上有一个随枪机连动的防尘盖而得名，正式名称是有坂三八式，1907 年开始量产用于装备日军，一直使用到第二次世界大战结束，整整 40 年。三八大盖有五发子弹的弹仓，是手动步枪的代表作。三八大盖风光的 40 年，是手动步枪最辉煌的时代。

手动步枪最大的问题就是射速慢，拉一下枪栓打一发子弹，这射速肯定快不了。射速最快的手动步枪是英国的李－恩菲尔德步枪，口径 0.303 英寸（7.7 毫米），所以在中国俗称英七七，1896 年定型并量产装备部队，直到 1965 年退役，装备时间长达 70 年，比三八大盖都长。总产量高达 7000 多万支，是产量最多的手动步枪，在现代步枪的大范围里仅次于本

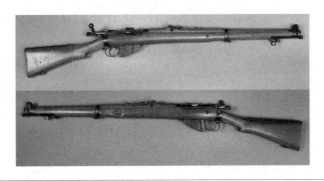

图1-4 1896年定型并量产的英国李-恩菲尔德步枪，口径0.303英寸（7.7毫米），所以在中国俗称英七七步枪，是射速最快的手动步枪。

书的主角AK47。

英七七最大的特点就是射速快。由于英七七采用旋转后拉式枪机，行程短所以射速快，有多快？一分钟里能够打5个五发弹夹，也就是25发，这还包括了装填5个弹夹的时间，如果扣除换弹夹的时间，理论上每分钟至少可以达到30发，这个射速在手动步枪里确实算是非常高的。所以英七七配用了10发弹匣，这在手动步枪里也是绝无仅有的。在实战中，英七七的射速如此之快，曾经让对手误以为面对的不是步枪而是机枪！

手动步枪因为有旋转后拉枪栓，所以又叫栓动步枪，外观上有很显眼的枪栓，枪栓也是手动步枪最显著的特征。而手动步枪再继续发展，那就是半自动步枪了。在半自动步枪上就看不到枪栓了。半自动步枪是一种子弹自动装填上膛的步枪，是根据马克沁发明的导气式自动原理，利用子弹的部分火药气体的动力，来完成开锁、退壳、送弹和重新闭锁等一系列动作。半自动的"自动"就是子弹自动装填上膛，从上膛、闭锁到开锁、退壳，到下一发子弹再上膛，都是一口气完成。半自动的"半"就是指只是自动装填，但不能自动发射，说得更简单直白一点，半自动步枪扣一下扳机只能打一发子弹，只是不再需要拉枪栓了，在结构上也没有枪栓了。射击时，每扣动一次扳机便可射出一发子弹，所以射速比手动步枪大大提高，基本上提高了两倍以上。

世界上第一支半自动步枪是墨西哥将军曼努埃尔·蒙德拉贡发明的6.5毫米半自动步枪，1908年开始生产、装备部队。在第一次世界大战中，德国就曾经装备过这款步枪，但可靠性比较差，因为当时加工工艺还比较落后，制造这样比较精密的武器不可能做到完美。1940年问世的美国M1加兰德步枪才算是比较成熟的半自动步枪。

图1-5 1940年定型并量产的美国M1加兰德半自动步枪是比较成熟的半自动步枪，因为一个弹夹8发子弹，所以在中国被俗称"大八粒"。

半自动步枪之后，自然就是全自动步枪了。世界上第一支能够连发的步枪由美国人克里斯托夫·斯潘塞在1860年发明。这支枪枪托上有一个直通枪膛的洞，这个洞其实就是弹仓，可以容纳10发子弹，洞口有弹簧，靠弹簧的弹力将子弹推入枪膛。所以，只能说是连发枪。

世界上第一支真正的全自动步枪是1883年由人类历史上第一支自动武器马克沁机枪的发明人海勒姆·史蒂文森·马克沁在温切斯特步枪基础上改进而成。全自动步枪是利用子弹的火药气体以及弹簧的作用力，来完成推弹、闭锁、击发、退壳和供弹等一系列动作，从而进行连发射击的步枪。全自动步枪只要按下扳机就可以进行连发射击，直到把枪膛里或者是弹匣里的子弹全部打完。

全自动步枪一般采用导气式自动方式，枪机回转式闭锁机构，弹匣式容弹具，击锤回转式击发机构。相比半自动步枪，全自动步枪不但是自动装填，还能自动发射，只要扣住扳机不放，就可以连续射击，直到弹匣里的子弹全部打完。由于自动步枪不需要人工退壳和装弹，所以提高了射速，减少了枪手的疲劳，也便于枪手集中精力观察、瞄准目标。全自动步枪口径通常小于 8 毫米，枪口初速在 800 米 / 秒左右，有效射程 400 米左右。

手动步枪、半自动步枪和全自动步枪三者的区别：手动步枪是拉动一次枪栓再扣扳机才能打一发子弹；半自动步枪不需要拉枪栓，只需要扣动扳机就能打出一发子弹；全自动步枪扣下扳机就能连续射击，直到将枪膛

图 1-6 全自动步枪采用传统的步枪弹，威力过大，所以导致连发射击时枪口会出现猛烈跳动以及后座力太大的问题，从而大大影响射击的准确性。

里或者是弹匣里的子弹全部打完。

全自动步枪和机枪都是采用步枪弹，又都是自动武器，看起来很相似。这两者的区别在于机枪的口径更大，射程更远，大多采用大容量弹匣或弹链供弹，比小容量弹匣的全自动步枪火力持续性更强。在战术上，机枪主要担负的是火力压制任务。

全自动步枪采用传统的步枪弹，威力过大，所以导致连发射击时枪口会出现猛烈跳动，以及后坐力太大，大大影响射击的准确性。而同样可以全自动射击，但采用手枪子弹的冲锋枪，在中远距离上威力又明显不足。为了解决这个问题，就出现了介乎于传统步枪子弹和手枪子弹之间的中间威力子弹。

中间威力子弹的原理就是减少子弹的装药量，最简单的办法就是缩短子弹的药筒长度，从而减少子弹装药量。这里也顺带介绍一下子弹的结构，子弹通常后部是圆柱形，前部是圆锥形，一般使用铅制、钢制或铅芯钢壳。无论是什么样式和形状的子弹，都是由弹丸、药筒、发射药和火帽四个部分组成。弹丸就是弹头，药筒也就是弹壳，装在弹壳里的就是发射药（早期的发射药是黑火药，现在的发射药大都是无烟火药，发射药的作用就是燃烧产生能量从而将弹头射出去），火帽也叫底火，作用是受到枪

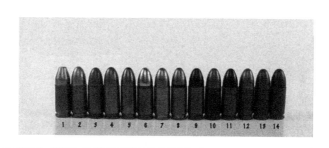

图 1-7 各种手枪弹，和步枪弹相比，手枪弹比粗矮，弹长较短，所以装药量较少。射程自然相应比较小，威力也比较小。

机击发时产生火焰，点燃发射药。子弹的发射原理是：枪机上的击针击发火帽，火帽迅速引燃药筒里的发射药，发射药产生瞬燃，同时产生高温和高压，将弹丸从药筒里挤出，这时的弹丸在发射药产生的高压推动下，向前移动，受到膛线的挤压，产生旋转，最终被射出枪膛。

和传统的全威力步枪子弹相比，同样口径的中间威力子弹长度短，有效射程也小。手枪弹的发射药最少，弹壳长度最小，射程和威力当然也最小。

缩短了药筒、减少了装药量的中间威力子弹，比传统子弹威力小，但又比手枪子弹威力大，这样就有效解决了自动步枪的射击控制和后坐力大的问题，同时在中远距离的威力上又比手枪弹大，非常完美！而随着中间威力子弹的出现，也产生了一种新的枪械——突击步枪。

图 1-8 中间威力子弹就是比全威力子弹药减少装药量的子弹，最简单的办法就是缩短子弹的药筒长度，从而减少子弹装药量。

突击步枪和全自动步枪其实是父子关系，突击步枪是子，全自动步枪是父。突击步枪一定是全自动步枪，而全自动步枪不一定是突击步枪。只有采用中间威力子弹的全自动步枪才能叫突击步枪。当然，两者的区别并

步枪之王：
AK47 传奇

不只是所采用的子弹，突击步枪的结构也是充分考虑到适应中间威力子弹而设计的。

之所以说了这么多，是因为本书的主角AK47就是一支突击步枪！

1918年，俄国人保罗·利贝罗勒发明了M1918型自动步枪，采用配套的8毫米中间威力子弹，尽管严格说起来，这种子弹还不能算是真正的中间威力子弹，但毕竟已经具备了中间威力子弹的雏形，所以M1918型自动步枪就成了世界上第一支突击步枪。突击步枪就是使用中间威力弹药的自动步枪，从而解决了自动步枪后坐力大、射击精度差的弊端，尽管有效射程比全自动步枪短，但保留了自动步枪的大部分优点，因此第二次世界大战以后大多数全自动步枪都是突击步枪，如今突击步枪更是成了全自动步枪的主流。

美国在第二次世界大战前夕开发了半自动的M1卡宾枪和配套专用的.30卡宾枪弹（7.62×33毫米），可算是第一种正式大量装备的中间威力型枪弹，不过因为威力偏低而被认为不适合在进攻战斗中使用，主要用于防卫或特种作战。严格地来说，这种弹药还不能算是真正的中间威力枪弹，因为枪口动能只有1190焦耳，而标准的中间威力枪弹的枪口动能应该在1400到2000焦耳之间。

1934年，德国开始研究开发短药筒步枪弹，以兼顾威力与连续射击时的射击精度。短药筒步枪弹就是中间威力子弹。由于装药量减少，它的有效射程比传统全威力步枪弹短。因为根据第一次世界大战的经验，步枪在实战中真正有效的实用距离大多在400米以内，所以，最初这种降低射程的中间威力子弹并不被思想僵化的军方高层接受，射程更远的传统步枪弹很难被替代。

1941年，德国研制成功并开始生产7.92×33毫米（这里的7.92毫米是了弹口径，33 毫米是弹壳长度）中间威力步枪弹，弹壳长由原来传统的 7.92×57 毫米标准步枪弹的 57 毫米缩短到 33 毫米，装药量由原来传统步枪弹的约 3 克减至约 1.6 克，几乎减少了一半。到第二次世界大战后期，德国首先为部队装备了发射 7.92×33 毫米中间威力枪弹的 StG44 突击步枪。1943 年，苏联也研制成功了威力和尺寸介于手枪弹和传统步枪弹之间的中间威力枪弹——7.62×39 毫米 M1943 式枪弹。

StG44 突击步枪对于 AK47 的影响是巨大的，甚至可以说，没有 StG44 突击步枪就没有 AK47。

不过要说在第二次世界大战中德军最著名的轻武器，肯定不是 StG44 突击步枪，而是 MP38 冲锋枪（及其改进型 MP40）。在所有反映第二次世界大战欧洲战场的影视剧中，必定会出现 MP38 冲锋枪，可以说就像三八大盖之于日军，波波沙之于苏军，MP38 就是德军的标签。冲锋枪就是使用手枪弹的全自动武器。德国对于冲锋枪是很有心得的，世界上第一种量产的冲锋枪 MP18 就是德国在第一次世界大战中研制并装备部队的，它在战争后期的堑壕战中表现非常出色。战后尽管受到《凡尔登条约》的严苛限制，德国还是一直致力于冲锋枪的研制和发展。1938 年研制成功并装备部队的，采用 9 毫米帕拉贝鲁姆手枪弹的 MP38 冲锋枪，和毛瑟 Kar98K 步枪成为当时德军两款最重要的单兵轻武器。但是，使用手枪弹的 MP38 冲锋枪有效射程是 150 米；使用传统步枪弹的 Kar98K 步枪有效射程是 600 米，标尺射击距离更是高达 1000 米。这中间就出现了一个火力空白。而从第一次世界大战后期以及战后的几次局部战争如苏俄内战、西班牙内战来看，实战中双方步兵的实际作战距离 70% 以上都集中在 400 米之内。在这个距离上，毛瑟步枪过了，MP38 又达不到。因此从 1938 年开始，德国黑内尔公司应军方的要求，开始着手研制新型自动步枪。随

图 1-9 1944 年，纳粹德国研制出世界上第一款突击步枪，使用 7.92×33 毫米中间威力枪弹的 StG44 突击步枪。StG44 突击步枪对于后世突击步枪的发展影响十分深远，对于 AK47 的影响更是巨大的，甚至可以说，没有 StG44 突击步枪就没有 AK47。

着 1939 年 9 月第二次世界大战爆发，自动步枪的研制受到了德国军方的高度重视，研制速度明显加快。由著名枪械设计师，也是 MP38 的设计者胡戈·施迈瑟担任设计师，他为了解决 400 米战斗距离的需求，提出用短药筒的中间威力子弹代替传统的 7.92×57 毫米毛瑟步枪弹，这无疑是划时代的观念。虽然法国人在 1918 年就研制出了 8×32 毫米利贝罗勒子弹，但德国在 1934 年才开始短药筒中间威力子弹的研究，直到 1941 年，德国才研制成功短药筒的 7.92×33 毫米中间威力子弹，这也为施迈瑟研制新型自动步枪奠定了最重要的基础。

随着弹药问题的解决，黑内尔公司于 1942 年 7 月制造出了使用 7.92×33 毫米短药筒中间威力步枪弹的 50 支样枪，被命名为 MKb-42（H），MKb 是德语"Maschinenkarabiner"的缩写，意思是自动卡宾枪。所谓卡宾枪就是短枪管自动步枪，卡宾的英文"Carbine"源自西班牙语单词骑兵"Carabins"，所以卡宾枪最早就是骑兵所使用的马枪，也就是短枪管步枪。

同时，另一个参与新型自动步枪项目研制的公司——卡尔－沃尔特公司也研制出50支样枪，被命名为MKb42（W）。这两款自动步枪经过德国军方枪械专家的严格测试，最终黑内尔公司的样枪MKb42（H）步枪由于综合性能更胜一筹而中标。该枪采用导气式自动原理，枪机偏转式闭锁方式，导气管位于枪管上方，延伸到枪口附近。枪弹击发后，火药气体被导出枪管，进入导气管驱动活塞带动枪机动作，完成抛弹壳、子弹上膛等一系列动作。可选择单发，也可选择连发，由容弹30发的弧形弹匣供弹。机匣等零件都采用冲压工艺制造，更便于生产，成本也较低。根据军方的要求，黑内尔公司在1942年11月生产了10000支试验型样枪，在1943年春交付东线作战的武装党卫军第5"维京"装甲师进行实战检验。在斯大林格勒战役后期的实战中，MKb42（H）步枪表现非常不错，受到德军官兵的一致好评，不过战斗中也暴露出了一些问题，这些评价都反馈给了黑内尔公司。黑内尔公司根据这些反馈意见，对MKb42（H）步枪进行了改进，改进之后的MKb42（H）被上报希特勒审批。

此时战争已经爆发，德国因为资源匮乏，规定所有新武器项目的成果都要由希特勒亲自审批。当MKb42（H）的方案送到希特勒手上，参加过

图1-10 由黑内尔公司研发的样枪MKb42(H)步枪，由于综合性能出色而在德军的新型自动步枪竞标中胜出。

第一次世界大战一线作战的希特勒却并不认可，他认为自己对步枪有切身的实用经验，而德国军方对这种新型自动步枪的研制目标是替代轻机枪，希特勒认为MKb42（H）的射程只有500米，达不到替代轻机枪的标准，所以否决了MKb42（H）步枪。

但是德国军方认为MKb42（H）还是很有实战价值的，所以修正了MKb42（H）的设计理念，不再提替代轻机枪。但是希特勒以一个老兵和国家军事决策者的眼光认为，MKb42（H）虽然设计理念先进，但是必须使用新式弹药，无法利用现有大量库存的传统步枪子弹，而且MKb42（H）可以连发，在实战中子弹消耗量将非常惊人。一个国家在战争中重新开发一整套新式弹药系统并且满足战斗需要，并不是一件简单的事情。实际上，德国此时已经开始走下坡路了，在战争中损失了大量的装备和人员，弥补现有损失已经非常困难，再开发一套新式弹药系统，将难以负担。所以希特勒再次否定了MKb42（H）步枪。

德国军方依然不死心，于是来了一个阳奉阴违，用MP43——MP是德语"Maschinen Pistole"的缩写，直译是自动手枪——也就是冲锋枪的名义通过了希特勒的审批，开始量产并装备部队。

MP43在MKb42（H）基础上进行了改进，主要是选择单发射击时处于闭膛待机状态，大大提高了射击精度，在外观上，延伸到枪口附近的导气管的长度缩短了。1943年下半年，又根据库尔斯克战役中的使用情况，再次进行了改进。1944年完成改进之后，以MP44的型号开始量产。这种自动步枪具有冲锋枪的猛烈火力，连发射击时后坐力小，易于掌握，在400米射程上射击精度比较好，威力接近传统步枪，而且重量又比传统步枪更轻，更便于携带。

最早装备MP43的是武装党卫军第5"维京"装甲师。MP43在1943

图 1-11 1943 年德国研制出使用手枪弹的 MP43，虽然这是一款自动步枪，但由于希特勒反对，所以军方只能用冲锋枪（MP）的名义进行量产装备部队。

年 7 月的库尔斯克战役中表现十分突出，完全压制了苏军的 PPSh41 波波沙冲锋枪和莫辛 – 纳甘步枪，因此德军官兵都赞不绝口，一致要求增加 MP43 的装备数量。这些报告被送到希特勒手中，希特勒看到一线部队对该枪的评价如此之高之后，意识到了 MP43 的优越性和先进性。加上他了解到 MP43 所使用的子弹仍然是 7.92 毫米口径，只是子弹的长度缩短了，这样一来子弹生产线就无需进行较大的变动，很大程度上解决了原先对弹药问题的担忧。于是希特勒下令加大 MP43 的产量，并在观看了 MP43 的实弹射击后，亲自命名为 StG44。StG 是德语 "Sturm Gewehr" 的缩写，直译是 "暴风雨式的步枪"，德语 "Sturm" 的本意是 "暴风雨"，在军事上可以引申为 "冲击""突击""冲锋" 这样的意思，所以意译为突击步枪。就这样，突击步枪这个全新的武器概念横空出世。

尽管 StG44 的知名度远远不如 MP38，但是作为人类历史上第一支突击步枪，在现代步枪的发展史上具有划时代的意义。

资料 1-1：StG44 的基本性能

StG44 突击步枪采用导气式自动方式，枪机偏转式闭锁方式。带护圈球形准星，觇孔式照门，后期还配发过试用型夜视瞄具。口径 7.92 毫米，配用 7.92×33 毫米中间威力步枪弹。

全枪长：940 毫米

枪管长：419 毫米

膛线：4 条右旋，缠距 254 毫米

空枪重：5.22 千克

枪口初速：685 米 / 秒

最大射速：550 发 / 分钟

最大射程：500 米

有效射程：300 米

供弹方式：30 发弹匣

图 1-12 世界上第一种突击步枪 StG44。

AK47 和 StG44 都属于突击步枪，两者在外形上也有几分相似，所以就有种说法，说 AK47 抄袭了 StG44。当然这种说法是错误的，StG44 与 AK47 外形上虽然有些相似，但两者内部结构的差别很大，StG44 的自动方式是导气式，AK47 则是采用活塞式。另外，StG44 使用 7.92×33 毫米子弹，AK47 使用 7.62×39 毫米子弹，口径和子弹也都不同。

要说 AK47 借鉴了 StG44，可以说它借鉴了 StG44 的设计理念——介于冲锋枪和传统步枪之间，同时兼顾两者的优势，发展出采用中间威力子弹的自动武器。

图 1-13 正手持 STG44 突击步枪进行射击的德军士兵。由于 MP43 在实战中表现十分出色，德军官兵一致要求增加 MP43 的装备数量。希特勒在亲自观看了 MP43 的实弹射击后，正式将其命名为 StG44，StG 是德语 "Sturm Gewehr" 的缩写，这个德语词汇直译是 "暴风雨式的步枪"，德语 "Sturm" 的本意是 "暴风雨"，在军事上可以引申为 "冲击""突击""冲锋" 这样的意思，所以意译为突击步枪。

AK47 被誉为"步枪之王"，它的设计者米哈伊尔·季莫费耶维奇·卡拉什尼科夫自然就成了"一代枪王"。卡拉什尼科夫只有初中学历，没有上过正规的高中和大学，更没有受过枪械设计方面的专业培训，完全是个半路出家自学成才的业余设计师，但最后他的成就却远远超越了同时代绝大多数专业枪械设计师，所以卡拉什尼科夫被称为天才设计师，他的人生和他的作品 AK47 一样，都是传奇。

1919 年 11 月 10 日，卡拉什尼科夫出生在今天哈萨克斯坦东南部城市阿拉木图远郊库里亚镇，他是家里的第 7 个孩子，他的父母总共生了 18 个孩子，但大部分都夭折了，最后成年的只有 8 个，从这点来说，卡拉什尼科夫在兄弟姐妹中也算是幸运的。由于家庭人口多，经济条件拮据，所以日子过得很艰辛。但是在童年时期，卡拉什尼科夫就显示出了极富创造力、想象力和动手能力的天赋，他会自己动手做弹弓、十字弓，尤其喜欢枪械，还自己做过可以发射弹丸的土枪。

1926 年，7 岁的卡拉什尼科夫进入了一所十年制的学校，在学校学习的这几年里，他很喜欢搞点小发明，并且以"小发明家"著称。

图 2-1 年轻的卡拉什尼科夫，他的学历是十年制学校毕业，就相当于我们的九年义务教育，也就是初中水平。别说大学了，就连高中都没上过，后来能够靠自学成为世界著名的枪械设计大师，确实很不容易。

1932 年，卡拉什尼科夫 13 岁时，他的父亲老卡拉什尼科夫因患肺气肿去世。母亲拖着 8 个孩子，日子非常艰难，后来经人介绍，嫁给了邻村一位鳏夫。还好这位继父心地善良，对妻子带过来的孩子们很好，所以尽管物资匮乏，但家庭氛围还是很温暖。

1936 年，卡拉什尼科夫从十年制学校毕业，这个学历也就相当于我们的九年义务教育，也就是初中水平。毕业后，卡拉什尼科夫在土耳其斯坦至西伯利亚铁路的一个列车维修厂里找到了一份学徒的工作，不久就由于在工作中表现突出，被提升为技术文书。这对于一个初中毕业生来说，是相当不容易的。

1938 年，19 岁的卡拉什尼科夫应征入伍，在苏联红军服役。在部队里，本来对枪械就很有兴趣的卡拉什尼科夫更是如鱼得水，对于枪械以及维护修理的工具都进行了潜心研究，表现出过人的才能，因此引起了他所在连队连长的注意。毫无疑问，这位在历史上已经无从考证姓名的连长，成了卡拉什尼科夫人生中的第一位伯乐，他在卡拉什尼科夫完成基本训练科目后，于 1939 年春天推荐卡拉什尼科夫进入军械技工技术训练班学习。这是卡拉什尼科夫第一次接触专业的枪械知识，尽管只是很基础的枪械知识，但对于在枪械设计上天赋异禀的天才来说，这些专业技术是极具影响力的。

1939 年夏天，卡拉什尼科夫被送到坦克驾驶学校学习，成了一名 T-38 坦克的驾驶员。当时的坦克空间狭小，对坦克兵的一大要求就是身材矮小。卡拉什尼科夫因为少年时期营养不良，个子很矮小，反倒成了"身材优势"，再加上还懂点机械，自然成了坦克兵的首选。在坦克部队服役期间，他设计出了一种通过惯性旋转计数原理记录坦克上的机枪射击子弹数量的装置，还设计过一种坦克油耗计装置，并根据坦克的实际情况发明了更匹配的新履带，因为这些发明多次获奖。1939 年冬，他被派到列宁格勒（今圣彼得堡），任他所发明的新履带生产线的技术指导。这时候，他在部队里已经是个小有名气的发明家了。

1941 年 6 月 22 日，苏德战争爆发，卡拉什尼科夫作为坦克车长随部队参加了战斗。在 1941 年 10 月的一次战斗中，他的坦克被击中起火，卡拉什尼科夫在坦克上的弹药殉爆之前成功跳出坦克，侥幸成了这辆坦克上唯一的幸存者。不过他的肩膀负了重伤，被送到后方医院治疗。在医院养伤期间，伤员们经常在一起谈论德军士兵使用的自动武器，诸如 MP40 冲锋枪、MG42 机枪是如何厉害。而当时苏军在战争中最著名的自动武器 PPSh41 波波沙冲锋枪才刚刚问世，还没有开始装备部队，所以苏军士兵主要装备的轻武器都是只能单发射击的莫辛－纳甘步枪，完全不是德军自动武器的对手。这些闲聊激发了卡拉什尼科夫设计自动武器的强烈兴趣，他马上行动起来，把医院图书馆里所有关于轻武器的书籍都找来阅读学习，其中费德洛夫编著的《轻武器的演进》给了他很大的启发。对于没有任何枪械设计方面专业知识的卡拉什尼科夫来说，完全是无师自通。除了极富创造意识的天赋，他还相当勤奋，这些轻武器著作中的每一个零件的结构图，他都反复揣摩，都可以熟练画出来，这也为他后来发明 AK47 打下了坚实基础。

伤愈后他的肩膀还是落下了终身残疾，不能大幅度活动，也不能提拿重物，所以没有再上前线，而是分配到了哈萨克斯坦的一家兵工厂。尽管工作地点离家乡库里亚镇很近，但卡拉什尼科夫根本顾不上回家，他把所有的业余时间都用在了研究枪械上。

由于当时兵工厂里的生产任务很紧张，所以兵工厂的领导根本不支持他的研究，他只好去找了当地的驻军司令，用自己和战友在战场上的经历以及自己的愿望说服了驻军司令，驻军司令给兵工厂写了推荐信，要求兵工厂给予他支持，这样他才有了一间属于自己的工作室。同时，兵工厂里的工人们也大力支持他的研究，纷纷利用业余时间来为他的研究制造零部

图 2-2 卡拉什尼科夫设计的第一支冲锋枪，虽然没有获得量产，但却引起了苏军高层的注意。1943 年他被推荐进入正规的武器学校深造，随后被分配到武器试验场担任技术员。这样卡拉什尼科夫才算正式成了一名枪械设计人员，有了一展身手的舞台。

件，组装枪械。

就在这样艰苦的条件下，他设计出了一支冲锋枪，他的处女作。尽管这支在技术上十分青涩的冲锋枪在与PPSh41、PPS42/43的竞争中失利，但是这样一支完全手工制造的自动武器，还是引起了苏军高层的注意。1943年，他被推荐进入正规的武器学校深造，随后被分配到武器试验场担任技术员。这时，卡拉什尼科夫才算正式成为一名枪械设计人员，有了一展身手的舞台。

1944年，卡拉什尼科夫设计出了使用7.62×41毫米M43中间威力步枪弹的卡宾枪。在这支卡宾枪上，他首创的闭锁机构独具特色，日后也成为卡拉什尼科夫系列枪械的核心技术。这款卡宾枪是卡拉什尼科夫枪械设计历程上重要的里程碑，尽管没能进入量产，但是接下来AK47的一些最关键的元素——中间威力步枪弹、独具特色的闭锁机构，已经出现了。

这时，卡拉什尼科夫已经在苏联枪械设计的圈子里有了点名气，不少人都知道了有一位初中毕业的业余设计师，是一位天才设计师。卡拉什尼科夫还认识了自己的偶像，PPSh41波波沙冲锋枪的设计者，戈利·斯帕金。斯帕金很看好卡拉什尼科夫这个后辈，给了他很多鼓励，还把自己在设计上的心得倾囊相告。他告诉卡拉什尼科夫，枪械要越简单越好。这句点拨给了卡拉什尼科夫很大启示，后来的AK7最显著的特点就是结构简单。

1945年5月8日，纳粹德国宣布投降。8月15日，日本宣布投降。同盟国阵营赢得了第二次世界大战的胜利，苏联举国欢腾，但是卡拉什尼科夫却有些失望，因为他觉得战争结束，新型枪械的研制也会随之停止。不过，由于德国StG44在战争中的亮眼表现让苏军高层看到了突击步枪巨大的实战价值，因此决定继续加紧新型突击步枪的研制，而卡拉什尼科夫的卡宾枪尽管没有量产，却进入了苏军高层的视野，因此，苏军高层让卡拉什尼科夫主持新型突击步枪的研制，并给他配备了研发团队。

从这个时候开始，卡拉什尼科夫的新枪研制才终于走上了正轨，并得到了官方的全力支持。

此时，德国 StG44 突击步枪的设计师雨果·施迈瑟已经成为苏军的俘虏，但受到优待，和其他 15 名德国枪械设计专家一起被安置在乌拉尔山南部的伊热夫斯克。苏联军方专门为他们成立了"第 58 特别设计所"，施迈瑟是这个研究所的 5 名设计师之一。但是，施迈瑟是 5 名德国设计师中最不愿意合作的一位，每当有人向他请教设计上的问题时，他都以种种借口敷衍。这让苏方人员很气愤，后来把他每个月 5000 卢布的津贴直接减去一半，降到 2500 卢布。不过，据说在这个阶段，卡拉什尼科夫和施迈瑟是有交集的，还曾得到过施迈瑟的帮助。卡拉什尼科夫本人也曾在 2009 年承认，在 AK47 的研制过程中得到了施迈瑟的"帮助"。真实情况究竟怎样，是卡拉什尼科夫谦逊，还是真的得到了施迈瑟的帮助，如今已无从证实。

1947 年，卡拉什尼科夫的杰作 AK47 横空出世，样枪在测试中展现出了极高的可靠性，给在场的所有人都留下了深刻印象。

可靠性是卡拉什尼科夫在设计时非常注重的性能要求，因为他是上过战场的，对枪械在关键时刻掉链子有切身的体会，他深刻地明白在你死我活的战场上，手里武器的可靠性有多重要。

看到卡拉什尼科夫的样枪时，苏军著名的枪械设计师，DP 转盘机枪（在中国俗称"大盘鸡"）、DShK 机枪和 RPD 轻机枪的主设计师瓦西里·阿列克谢耶维奇·捷格加廖夫马上意识到自己的样枪不如卡拉什尼科夫的。尽管捷格加廖夫已经是少将，此时的卡拉什尼科夫只是个小小的

图 2-3 苏军著名的枪械设计师，DP 转盘机枪（在中国俗称"大盘鸡"）、DShK 机枪和 RPD 轻机枪的主设计师瓦西里·阿列克谢耶维奇·捷格加廖夫，正是他将卡拉什尼科夫设计的样枪推荐了出去，这才有了后来大放光芒的 AK47。

中士，但捷格加廖夫很有大局观，并没有利用自己的权势压制卡拉什尼科夫，更没有将卡拉什尼科夫的成果据为己有，而是默默地将自己的样枪收了起来，锁进保险箱，将卡拉什尼科夫的样枪推荐了出去，这才有了后来大放光芒的 AK47。

这款全新的突击步枪不出意料，顺利通过测试，评委对这款突击步枪给予了高度评价。之后卡拉什尼科夫又带着这款新枪参加了当年的枪械设计大赛，综合性能全面超过了参赛的其他枪械，可谓大获全胜。随即，它被苏联军方赋予了 AK47 的正式编号。这一年，卡拉什尼科夫只有 28 岁，就已经登上了人生的巅峰。

1949 年 AK47 突击步枪开始大规模量产，成为苏联军队的制式单兵轻武器。根据卡拉什尼科夫的回忆，当时他接到了苏联国防部的电话，告诉他 AK47 被选为苏联军队的制式单兵轻武器，这是他一生中最难忘的一个电话。此后，卡拉什尼科夫被调到了生产 AK47 的乌德穆尔特加盟共和国的伊热夫斯克兵工厂，一面对 AK47 的生产进行技术指导，一面继续设计轻武器。在随后的岁月里，他开发出一系列的轻武器，还对 AK47 进行了改进，推出了第二代的 AKM，并在 1959 年开始装备苏军。之后，又在 AKM 的基础上发展出 RPK 班用轻机枪，根据 AK47 突击步枪的工作思路设计出 PK 通用机枪。但是他并没有就此止步，又设计出第三代 AK74 突击步枪，于 1975 年开始成为苏军的制式单兵武器。

1949 年以后，卡拉什尼科夫就一直在伊热夫斯克工作和生活。伊热夫斯克兵工厂也因为是 AK47 的原产地而被称为"AK47 的故乡"。

卡拉什尼科夫的主要成就就是 AK 系列自动步枪以及 RPK 轻机枪、PK 通用机枪等轻武器。1950 年至 1970 年期间，卡拉什尼科夫相继开发出的武器包括：AKM、AKMS、AK–74、AKS–74、AK74U、RPK、RPRS、RPK74、RPKS74、PK、PKS、PKM、PKSM、PKT、PKTM、PKB、

图 2–4 AK47 设计成功之后，卡拉什尼科夫就一直在伊热夫斯克兵工厂负责枪械设计工作，伊热夫斯克兵工厂也因为卡拉什尼科夫和 AK47 而名满天下，伊热夫斯克也被称为"AK47 的故乡"。

PKMB 等。

卡拉什尼科夫设计或主导研制的一系列轻武器已经成为一个完整的"枪族"。苏联军方凡是轻武器编号中有"K"字母的，就表示是卡拉什尼科夫设计的。迄今为止，AK 枪族是世界上最完整、作战效能最好的枪族之一。

AK 系列几乎成为战后苏式枪械的代名词。

资料 2-1：卡拉什尼科夫获得的荣誉

1949 年，获得斯大林奖金一等奖 10 万卢布。

1958 年和 1976 年，两次被授予社会主义者劳动英雄称号。

1964 年，获得列宁奖金（金额 1 万卢布）。

1966 年，被选为最高苏维埃代表，此后 20 多年一直都当选最高苏维埃代表。

图 2-5 由于设计出一代名枪 AK47，使得卡拉什尼科夫荣誉等身，图为手持 AK47 满脸笑容的卡拉什尼科夫。

1969年，晋升为上校军衔，被授予列宁奖章3次、劳动红旗奖章和爱国战争一级奖章。

1971年，被图拉设计院授予技术博士学位。

1980年，卡拉什尼科夫被家乡库里亚镇授予他荣誉市民称号，还给他竖了一个青铜半身像。

1987年，获得伊热夫斯克荣誉市民称号。

1994年，俄罗斯总统叶利钦专程前往伊热夫斯克，同国防部长、联邦反间谍局长和其他领导人一起参加庆祝卡拉什尼科夫诞辰75周年活动，并授予他"祖国功勋"二级勋章，同时晋升卡拉什尼科夫为少将军衔。

1999年，晋升为中将军衔。

2004年，俄罗斯总统弗拉基米尔·普京授予他"军事功勋"勋章。

2009年，俄罗斯总统梅德韦杰夫授予他"俄罗斯英雄"荣誉称号。

卡拉什尼科夫虽然是个大神级的枪械设计大师，但他却是一个真正的和平主义者。AK47大量生产，并随着苏联的革命输出，走向了全世界。但是在不少亚非拉美国家拿着AK47争取民族独立的同时，AK47也同时成了极端分子最为钟爱的"大杀器"。在有组织的暴力活动中，AK47一直都是最受欢迎的枪械。最让卡拉什尼科夫痛心疾首的是代表社会主义阵营、第三世界国家的AK47，有朝一日竟然会成为恐怖分子和黑社会人员的"标配"，AK-47在伸张正义的同时，也在助力着邪恶。

尤其是1972年慕尼黑奥运会期间发生的"慕尼黑惨案"，通过电视直播和各大报刊的相关报道，全世界人民都看到了手持AK47的恐怖分子在奥运村向运动员大开杀戒的画面。这让卡拉什尼科夫极为痛心，他甚至认为，"如果因为我设计的步枪剥夺了他人的生命，哪怕是敌人的生命，我也应该负有不可推卸的责任"。

制造了"9·11"恐怖袭击的"基地"组织首领奥马尔·本·拉登也特别喜欢AK自动步枪，他随身带的就是一支AK家族第三代的AK74突击步枪。

20世纪80年代，由于听说AK47家族枪械成为杀人最多的武器，而且还听说有很多无辜的人死在AK47枪口下，卡拉什尼科非常自责。他从此之后不再研制军用武器，转而研制猎枪。他在AK系来步枪的基础上设计了半自动的SAIGA猎枪。但是伊热夫斯克兵工厂还是在SAIGA的基础上推出了军用型的霰弹枪。

图2-6 苏联解体后，卡拉什尼科夫还是生活在伊热夫斯克，他和老伴住在伊热夫斯克一套两居室的旧式住宅中，卡拉什尼科夫的退休金、各种补贴和奖金全部加在一起，总共才只有14800卢布，按照2000年的汇率，人约只相当于1360元人民币。

苏联解体后，卡拉什尼科夫还是生活在伊热夫斯克，不过这里已经属于俄罗斯。由于苏联解体，加上俄罗斯经济的"休克疗法"，尽管以中将军衔退休，卡拉什尼科夫的生活还是很清贫。他和老伴住在伊热夫斯克一套两居室的旧式住宅中，卡拉什尼科夫的退休金、各种补贴和奖金加在一起，总共才14800卢布，按照2000年的汇率，大约只相当于1360元人民币。

知道这个情况后，来自世界各地的知名公司都向卡拉什尼科夫抛出了橄榄枝，希望和他合作。大家都想用"卡拉什尼科夫"这个名闻天下的名字。但都被卡拉什尼科夫拒绝了。这位洁身自好的老人不希望自己毕生赢得的荣誉沾染上铜臭味。直到2002年，卡拉什尼科夫与德国慕尼黑国际博览集团公司签署协议，授权使用"卡拉什尼科夫"作为系列商品的商标；2004年，卡拉什尼科夫接受了英国一家企业的合作，用"卡拉什尼科夫将军"来冠名一种伏特加酒。对此，卡拉什尼科夫的解释是，希望能用

图 2-7 2004 年卡拉什尼科夫接受了英国一家企业的合作，用"卡拉什尼科夫将军"来冠名一种伏特加酒。对此，卡拉什尼科夫的解释是，希望能用这样的途径，让自己的名字远离恐怖和杀戮，给人们带来欢乐。

这样的途径，让自己的名字远离恐怖和杀戮，给人们带来欢乐。

此后，德国 MMI 公司说服了卡拉什尼科夫的孙子伊格尔，通过他动员卡拉什尼科夫全家到德国访问，卡拉什尼科夫详细地了解了该公司的商业计划与合作条件后，与 MMI 公司签署了一份商业合同，授权这家公司使用"卡拉什尼科夫"这个名字作为商标生产系列产品。根据合同内容，卡拉什尼科夫本人将从这家知名公司产品的销售利润中提取 30%（还有 33% 和 35% 两种说法）作为冠名权的合法提成。据说，这家总部设在德国佐林根市的公司，准备用"卡拉什尼科夫"作为商标，生产雨伞、剃须刀、香水，甚至包括巧克力糖——唯独没有武器！这也是卡拉什尼科夫坚持的条件。

1990 年，美国史密森学会赞助的历史节目邀请卡拉什尼科夫访问美国，并安排他和美国最著名的自动步枪 M16 的设计师、有着"美国枪王"之称的尤金·斯通纳见面。斯通纳和卡拉什尼科夫早就期待与对方见面，

图 2-8 1990 年，卡拉什尼科夫应邀访问美国，他和美国罪著名的自动步枪 M16 的设计师，有着"美国枪王"之称的尤金·斯通纳见面。两人还曾经使用对方设计的枪械进行了打靶，也就是卡拉什尼科夫使用 M16，而斯通纳使用 AK47. 据说两人的成绩不相上下，并都对对方的作品给予了高度评价。

尤金·斯通纳 1922 年出生在印第安纳州。

1954 年，被刚刚创建的阿玛特莱枪械公司聘为总工程师。斯通纳设计的第一款步枪是 AR-10，虽然这款步枪没有被美国军方采用，但被一家荷兰枪械公司看中，获得了 AR-10 的生产权，古巴、墨西哥、委内瑞拉、尼加拉瓜、危地马拉、芬兰、苏丹以及葡萄牙等多个国家都采购了荷兰生产的 AR-10 步枪。

当斯通纳得知美国陆军准备采用一种 .22 口径（约 5.58 毫米）步枪，他就在 AR-10 步枪基础研制了 .22 口径的 AR-15 步枪。1963 年，柯尔特枪械公司买下了 AR-15 步枪的生产权，并通过了美国军方的测试，被重新命名为 M16 步枪，成为美军的制式步枪。M16 也因此成为世界上第一支量产的小口径突击步枪。

1971 年，斯通纳创建了自己的公司，即阿雷斯有限公司。之后，斯通纳又设计出 MSA-1 步枪、25 毫米布什玛斯特机关炮、EPG-2 大威力机枪、FAR-2 突击步枪、20 毫米阿雷斯机关炮、37 毫米阿雷斯机关炮以及 SR25 步枪，"SR'" 就是"斯通纳步枪"（Stoner Rifle）的英文缩写。

1996 年 4 月，斯通纳去世。在斯通纳设计的枪械中，M16 小口径突击步枪对于世界轻武器的发展产生了巨大影响，因此，斯通纳成为了著名的枪械设计大师，被誉为"美国枪王"。

在拍摄纪录片的一个多星期时间里，两人有很多机会一起切磋枪械技术。尽管有着语言上的隔阂，但在枪械上，两人之间的沟通是没有障碍的。而且他们的背景有很多相似之处——都没有上过大学，也都没有受过枪械设计的专业训练，却被公认为世界上最出色的枪械设计师。最有意思的是，两人还曾使用对方设计的枪械进行打靶，也就是卡拉什尼科夫使用 M16，斯通纳使用 AK47，据说两人的成绩不相上下，并都对对方的作品给予了高度评价。这是一段 20 世纪两位枪械设计的顶尖高手华山论剑、惺惺相惜的佳话。

1991 年 8 月，卡拉什尼科夫应中国兵器工业有关部门的邀请，在儿子维克多·卡拉什尼科夫等人的陪同下来到中国交流。之前由于卡拉什尼科夫看到 1969 年珍宝岛事件的新闻纪录片里，中国士兵用 AK47（中国版的 56 式突击步枪）向苏军猛烈开火，大为震惊，曾经发誓不会到中国去。这次是经过了家人的劝说才同意的。在中国，他受到了热情欢迎和周到接待，中国人对当年苏联的援助念念不忘，这些都改变了卡拉什尼科夫对中

图 2-9 卡拉什尼科夫于 2013 年 12 月 23 日去世，享年 94 岁。图为这位世界顶尖的枪械大师的葬礼。

国的最初印象。中国兵器工业公司安排他参观了类轻武器生产工厂，还邀请他们到靶场试射各种枪械。

卡拉什尼科夫虽设计出了"步枪之王"的AK47，但他一生热爱和平，晚年他甚至后悔自己设计了这么多枪械。所以，退休后他就不再关注枪械设计，不过他爱好发明的兴趣一点没有改变，他甚至发明了一种口味类似于威士忌的酒。

卡拉什尼科夫晚年曾经说："研发武器是为了保卫祖国和民族解放，但它却被用在了不该用的地方……枪械是无罪的，有罪的是扣动扳机的人。"

2003年，卡拉什尼科夫与法国女作家若丽舍合作撰写了回忆录《我的枪中人生》。

2012年12月，93岁高龄的卡拉什尼科夫因心脏病加重住院治疗。2013年6月，他被送往莫斯科曼德里克中央军事医院，植入了心脏起搏器，病情得到控制，于9月初回到家里。11月10日，卡拉什尼科夫在家中度过了94岁的生日，俄罗斯总统普京当天登门向卡拉什尼科夫祝寿，还送了他一块手表作为生日礼物。但一周以后，卡拉什尼科夫的健康状况迅速恶化，再度被送入医院重症监护室，并于2013年12月23日去世，享年94岁。

2020 年，俄罗斯拍摄了一部以电影艺术的手法表现卡拉什尼科夫研制 AK47 经过的影片，由康斯坦丁·布罗斯洛夫导演，小谢尔盖·波德洛夫编剧，尤里·鲍里索夫饰演男主角卡拉什尼科夫，全片长 110 分钟，于 2020 年 2 月 15 日在 AK47 的故乡伊热夫斯克首映。

影片主要介绍了卡拉什尼科夫从战场上受伤被送回后方医院治疗，开始潜心研制新型自动步枪，到最后成功研制出一代名枪 AK47 的经过。全片以人物传记电影作为主打，虽然有些细节还存在瑕疵，但还是大致还原了 AK47 诞生的经过。当然

图 2-10 2020 年俄罗斯拍摄了卡拉什尼科夫研制 AK47 为背景的影片《卡拉什尼科夫》，图为电影海报。

出于电影角度的考量，增加了一些感情戏，让卡拉什尼科夫事业爱情双丰收。不过整部影片平淡无奇，基本就是报流水账，就连爱情戏也比较牵强，但是豆瓣评分却有 7.1 分。这个分数在俄罗斯电影里算是比较高的，原因无他，主要就是因为观众对 AK47 和卡拉什尼科夫的情怀。

卡拉什尼科夫枪械设计的处女作是 1942 年设计出的一支冲锋枪，虽然没有量产，但还是得到了 PPK42 的编号，PP 是俄语冲锋枪的缩写字母，K 则是卡拉什尼科夫姓名的首字母，从此之后，苏军轻武器编号中凡是有字母 K 的，就都是卡拉什尼科夫设计的。42 自然是表示 1942 年。也正是因为这支冲锋枪，卡拉什尼科夫引起了苏军高层的注意，1943 年，他被推荐进入正规的武器学校学习，结业后被分配到武器试验场担任技术员，正式成为一名枪械设计人员，由此开始了他辉煌的枪械设计之路。

1944 年，卡拉什尼科夫作为正式枪械设计师的第一个作品是使用 7.62×41 毫米 M43 中间威力步枪弹的 SKK44 半自动卡宾枪。SK 是俄语卡宾枪的字母缩写，第二个 K 是卡拉什尼科夫姓名的首字母，44 表示 1944 年。卡宾枪就是短身管的步枪，其实 AK47 的枪管也不长。这支卡宾枪，就是后来大放光彩的 AK 系列的开山之作，不但具备了突击步枪的最大特色——使用中间威力步枪弹，而且出现了具有典型卡式风格、由他首创的闭锁机构。尽管这支卡宾枪没有进入量产，只是在样枪阶段就下马了。但是，毋庸置疑，这支卡宾枪的设计思路，对于卡拉什尼科夫来说是非常重要的，几乎可以说，它奠定了之后 AK 系列一以贯之的特点和风格。

从外形看，SKK44 和美国 M1 加兰德半自动步枪非常相似，简直可以说是 M1 加兰德的卡宾型。SKK44 有着很明显借鉴 M1 的痕迹，不过卡拉什尼科夫毕竟是大家，不会是简单的模仿抄袭，两者在结构上还是有区别的。SKK44 的导气管在枪管上方，活塞和枪机是分离的，属于短行程活塞；而 M1 加兰德的导气管在枪管下部，活塞和枪机是连在一块的，标准的长行程活塞。两者的相同处都是回转式枪机，都是两片对称闭锁突笋。

不过最后 SKK44 半自动卡宾枪败给了西蒙诺夫家设计的 SKS 半自动步枪，没有能够成为苏军的制式武器。

1945 年 8 月，第二次世界大战结束，卡拉什尼科夫很是失望，他还

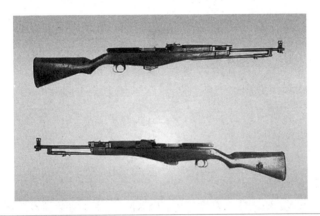

图 3-1 1944 年，卡拉什尼科夫作为正式的枪械设计师的第一个作品是使用 7.62×41 毫米 M43 中间威力步枪弹的 SKK44 半自动卡宾枪。

没有一个作品投入量产，而战争的结束对于研制新武器来说肯定会有影响。不过事实证明，卡拉什尼科夫的担心是多余的，因为冷战紧接着就拉开了大幕。面对大量装备半自动步枪的西方国家军队，苏联迫切需要一款全新的自动步枪来与之抗衡，所以苏军要求卡拉什尼科夫继续研制新型自

动步枪。

1946 年，卡拉什尼科夫研制出了一款突击步枪，被命名为 AK46。很多人不知道在大名鼎鼎的 AK47 之前，还有过相对来说默默无闻的 AK46。

AK46 采用手枪型握把，枪托、前握把和护木都是木制的，枪口制退器为圆柱形，在左右两侧枪身各设有三个大圆孔，机匣和弹匣是冲压铆接加工而成，发射模式有单发和连发两种，保险 / 射击模式转换柄都在机匣左侧。

一号原型枪全枪长 895 毫米，枪管长 397 毫米，重 4.1 千克，表尺刻度 800 米，不过实际有效射程最多只有 400 米。

二号原型枪在一号原型枪基础上有所改进，全枪长 950 毫米，枪管长度加长到 450 毫米，重量也有所增加。

随后又在二号原型枪的基础上，改用折叠枪托，主要是给伞兵和特种部队使用。

在 1947 年初的选型测试中，AK46 在极限射击测试时出现了很多问

图 3-2 1946 年，卡拉什尼科夫研制出了一款突击步枪，被命名为 AK46。很多人不知道在大名鼎鼎的 AK47 之前，还有过相对莱说默默无闻的 AK46。

题，容易卡壳，环境适应性差，人体工程学设计也不是很理想，测试时还暴露出苏军 M43 型 7.62×41 毫米中间威力步枪弹性能明显不如德国的 7.62×33 毫米中间威力步枪弹。

但是，当时参加测试的其他枪型表现更糟糕，还比不上 AK46，所以都被淘汰了，AK46 幸运地通过了第一轮测试。卡拉什尼科夫回去之后就立即根据测试中暴露出来的问题，对 AK46 进行了全面改进。到了 1947 年，卡拉什尼科夫将机匣由冲压铆接改为全冲压制造，结构上改用枪机活塞一体式的长行程活塞导气，以提高可靠性，将单发连发射击转换开关柄改到了枪身右侧，这才有了大家熟悉的大拨片转换柄。

经过这一番改进之后，AK47 的一号原型枪面世了。同时，苏联也对 7.62×41 毫米中间威力步枪弹进行了改进，将弹壳长度从 40.4 毫米缩短到 38.6 毫米，并且重新设计了弹头，这样才有了 7.62×39 毫米 M43 步枪弹。子弹和枪械是相辅相成的，全新的中间威力步枪弹也让 AK47 如虎添翼。

图 3-3 1947 年，卡拉什尼科夫在 AK46 的基础上进行了改进，研制出了 AK47 的一号原型枪。

步枪之王：
AK47 传奇

资料 3-1：M43 型 7.62×39 毫米中间威力步枪弹

M43 型 7.62×39 毫米中间威力步枪弹的普通弹，采用镀铜钢质被覆，铅裹低碳钢芯，全弹重 15.5 克，弹丸重 7.4 克，装药量 1.6 克，弹丸初速 710 米/秒，平均最大膛压 275 兆帕，在 200 米距离对 7 毫米厚的钢板穿透率不小于 80%。

除普通弹以外，M43 型 7.62×39 毫米中间威力步枪弹还有另外三种弹头：

Б 3 型穿甲燃烧弹：尖头、平底、钢芯，黄铜弹头帽，覆铜钢被甲，全弹重 16.17 克，弹丸重 7.67 克，装药量 1.8 克，弹丸初速 755 米/秒，在 200 米距离对 7 毫米厚的钢板穿透率达 80% 以上。

T46 型曳光弹：尖头、平底，弹尖底部填铅，覆铜钢被甲，全弹重 15.9 克，弹丸重 6.8 克，装药量 1.6 克，初速 740 米/秒，曳光距离可达 800 米，曳光颜色为红色。

图 3-4 M43 型 7.62×39 毫米中间威力步枪弹的普通弹，采用镀铜钢质被覆，铅裹低碳钢芯，全弹重 16.4 克，弹丸初速 710 米/秒，全弹重 15.5 克，弹丸重 7.4 克，装药量 1.6 克，平均最大膛压 275 兆帕，在 200 米距离对 7 毫米厚的钢板穿透率不小于 80%。

燃烧曳光弹：尖头、平底、钢芯，黄铜弹头帽，覆铜钢被甲，全弹重 15 克，弹丸重 6.63 克，装药量 1.5 克，弹丸初速 770 米 / 秒，可以引燃 100 米距离的厚度小于 3 毫米的铁桶或者油槽车内的燃料，或者引燃 700 米距离的干草，曳光距离可达 700 米。

卡拉什尼科夫还不满意，继续进行改进，加入了过量导气，使得活塞和枪机的后冲更加猛烈，自动机动作更可靠，这就是 AK47 的二号原型枪。

图 3-5 卡拉什尼科夫在 AK47 的一号原型枪基础上继续进行改进，加入了过量导气，使得活塞和枪机的后冲更加猛烈，自动机动作更可靠，这就是 AK47 的二号原型枪。

到了 1948 年，AK47 三号原型枪终于横空出世，这就是 1949 年开始量产的 AK47 定型型号。定型的 AK47 突击步枪的导气装置和枪机基本上沿袭了 SKK44 半自动卡宾枪上的设计，AK47 的枪管与机匣螺接在一起，膛线部分长 369 毫米，枪管镀铬。无论是在高温还是低温条件下，射击性能都很好。机匣为锻件机加工而成。弹匣用钢或轻金属制成，不管在什么气候条件下都可以互换。AK47 的击发机构为击锤回转式，发射机构直接控制击锤，实现单发和连发射击。发射机构主要由机框、不到位保险、阻铁、扳机、单发连发转换、单发杠杆、击锤、不到位保险阻铁等组成。单发连发转换柄位于枪身右侧。

AK47 的瞄准装置采用机械瞄准具，并配有夜视瞄准具。枪口处的柱形准星和表尺 U 形缺口照门都有可翻转附件，内装荧光材料镭 221，便于夜间瞄准。瞄准表尺分划分从 100 到 800 米，每 100 米一个分划，战斗表尺装定 300 米。但使用瞄准具瞄准时，只能上下拧动准星进行高低校正，无法进行风偏修正，而且夜间射击时往往容易将准星护翼误认为是准星。

进行自动射击时，击锤打击击针，引燃子弹底火和发射药，产生的火药燃气经导气孔分流至枪管上部的导气室，推动活塞向后，活塞再推动机框后坐。活塞与机框连在一起，因此一起自由后坐一段行程，直到气体的压力下降到安全水平。在枪机框上定型槽的开锁螺旋面的作用下，枪机向左旋转 35 度，与枪管完成开锁。开锁后，机框带动枪机一起后坐，完成抽壳、抛壳，弹匣内的托弹簧同时托弹上抬进入枪膛。

在枪机向后运动的过程中，会压倒击锤，并压缩复进簧。当机框与机匣的尾端相撞，枪机组件停止后座。而后，枪机组件在复进簧的作用下复

图 3-6 到了 1948 年，AK47 三号原型枪终于诞生了，这就是 1949 年开始量产的 AK47 定型的型号。

进，同时从弹匣中取一发子弹上膛，而后枪机停止运动。枪机的两个闭锁突笋与枪管在枪管节套内闭锁后，机框继续运行约 5.5 毫米。单股复进簧套在复进簧导杆上（复进簧导杆由 2 个套入式钢制杆组成），通过前方的挡圈可分解复进簧和复进簧导杆。复进簧导杆组件嵌入机匣末端上部的 V

资料 3-2：AK47 突击步枪的基本数据

口径：7.62 毫米

全枪长：870 毫米（固定枪托型）

645 毫米（折叠枪托型折叠时）

870 毫米（折叠枪托型展开时）

全枪重：4.3 千克（不带弹匣）

6.56 千克（带 30 发弹匣）

枪管长：415 毫米

膛线：4 条，右旋，缠距 240 毫米

瞄准基线：378 毫米

枪口初速：710 米 / 秒

枪口动能：1980 焦耳

理论射速：600 发 / 分钟

发射枪弹：7.62×39 毫米 M43 型中间威力步枪弹

弹匣容量：30 发

表尺射程：800 米

有效射程：300 米

最大杀伤力射程：1500 米

形缺口内，同时兼起固定冲压成型的机匣盖的作用。

在进行半自动发射时，当枪机使击锤向后，被次阻铁挂住。释放扳机，次阻铁释放击锤，同时扳机延伸部和主阻铁往回移动，挂住击锤。

在进行全自动射击时，单发连发转换装置轴栓上的突起使次阻铁回转，对击锤不起任何控制作用。扳机机构的主簧是多功能型，在不利的环境条件下还能使枪械保持良好的性能。

AK47与第二次世界大战时的步枪相比，枪管相对更短小，射程也更小，但火力强大，适合在300米距离上的突击作战，突击步枪实至名归。AK47的枪机动作可靠，即使在连续射击时或有灰尘等异物进入枪内时，机械结构仍能保证继续工作。在沙漠、热带雨林、严寒等极度恶劣的环境下，AK47依然能够保持相当好的作战效能。

AK47-I型，就是最终定型并在1949年正式装备部队的量产型。I型没有配备刺刀，机匣和许多配件是用冲压工艺生产的。

AK47-II型，于1951年定型，于1952年至1954年间生产，主要的

图3-7 AK47-I型，就是最终定型并在1949年正式装备部队的量产型。I型没有配备刺刀，机匣和许多配件是用冲压工艺来生产的。

改进是把机匣的生产方法从冲压改为机械铣削，机械铣削的特点与冲压的特点正好相反，更加结实，但重量更重，而且耗费的工时与材料都要比冲压多。此外，把抛壳挺的位置改在机匣内壁的侧面，发射机构、枪托和握把都进行了加强，并增加了一种单刃刺刀。不过 AK47-II 型的产量很少，很快就被 AK47-III 型所替代。

AK47-III 型，于 1953 年定型，其实是个过渡型号，主要改进之处是在 II 型的枪托连接方式上，并且简化了机匣的机械加工方法，使之更加便于大量生产。III 型的铣削机匣却比 I 型的冲压机匣重量更轻。另外 III 型的改进还包括弹匣，采用轻金属的新型弹匣在强度加强，而且还可以与原来的钢制弹匣互换。此外，枪托连接方式也进行了简化和加固，经过这些改进使 III 型的整体重量比 I 型更轻，而弹道性能则与 I 型完全一致。

AK47-III 型的刺刀也在 II 型的基础上进行了改进，配备有可折叠的刺刀，刺刀座位于导气孔下方。III 型还有折叠式金属枪托的 AKC 型（北约称为 AKS 型），以及带夜视瞄准具的 AKH 型（北约称为 AKN 型）。

AK47-III 型产量很大，是 AK47 系列中最主要的型号，大量装备苏联军队及其他社会主义阵营国家，中国的 56 式冲锋枪（确切地说是自动步枪）也是根据 AK47-III 型仿制的。

图 3-8 AK47-II 型，主要的改进是把机匣的生产方法从冲压改为机械铣削，机械铣削的特点与冲压的特点正好相反，更加结实但重量也更重，而且耗费的工时与材料都要比冲压多。

步枪之王：
AK47 传奇

图3-9 AK47-III型，其实是个过渡型号，主要之处是在II型的枪托连接方式。另外AK47-III型的刺刀也在II型的基础上进行了改进，配备有可折叠的刺刀，刺刀座位于导气孔下方。

图3-10 AK47-III型还有折叠式金属枪托的AKC型（北约称为AKS型），以及带夜视瞄准具的AKH型（北约称为AKN型）。

上述三个型号的识别特征：

I型的特点主要是使用冲压机匣，就是用一块钢板冲压成U字形机匣，机匣和枪管的连接部分（这个零件的专业名称叫做枪管座）是通过点焊+铆接的方式与机匣组装在一起。I型的冲压机匣外观特征还是很明显的：枪管座和枪管结合处有两个大铆钉，枪管座侧面有一块弧形金属板；小握把和枪身的连接是机匣下方焊一块倾斜的金属板，然后左右两片木质握把片夹住这块金属板，用一个横向螺钉进行固定。因为这种装配方式，I型的小握把中间可以清楚地看到一个螺钉；弹匣是早期的钢质弹匣，侧面光滑，没有后期弹匣的凹凸加强筋。但是要注意的是，由于早期弹匣和后期弹匣是可以通用的，在很多国家军队和非正规武装里，不同时期的弹匣经常混用，因此早期弹匣的特征不是太确定，I 型最可靠的识别方式还是看机匣和小握把。

图 3-11 AK47 三个型号的识别区分特征，I 型的特点主要是使用冲压机匣，就是用一块钢板冲压成 U 字型作为机匣，然后机匣和枪管的连接部分（这个零件的专业名称叫做枪管座）是通过点焊 + 铆接的方式与机匣组装在一起。

图 3-12 AK47-I 型的机匣侧面特写，抛壳窗下方有两个并列的铆钉，还有一个弧形金属板。

图 3-13 AK47-I 型的小握把中间有一个横向螺钉。

    II 型的识别特征主要是：机匣和枪托连接处有一段金属延伸，这个特征是 II 型所独有的，I 型和 III 型都没有，所以只要看到这个，久基本可以确定是 II 型。此外，II 型的机匣与机匣盖连接的导轨处有加厚段，这也是 II 型所独有的。不过这一点在外观上不能一眼看到，只有行家能够注意，或者在分解时才能看到。从 II 型开始，小握把和枪身的连接方式改为木制小握把用一根长螺钉固定在机匣上，握把侧面看不到横向螺钉。

图 3-14 AK47-II 型的识别特征主要是：机匣和枪托连接处有一段金属延伸，这个特征是 II 型所独有的，I 型和 III 型都没有，所以只要看到这个，久基本可以确定是 II 型。

图 3-15 AK47-II 型机匣末端与枪托连接处有一段金属延伸段。

图 3-16 AK47-II 型的机匣与机匣盖连接的导轨处有加厚段，这也是 II 型所独有的。

III 型是 AK47 系列中产量最大的型号，也是 AK47 的基本型。III 型开始采用铣削机匣，加工质量更好，而且重量比 I 型和 II 型都要轻便。在机匣的侧面靠近弹匣口位置有一个长方形的铣削槽（II 型也有铣削槽），这就是铣削机匣的标志。取消了 II 型机匣导轨处的加厚段，II 型枪托和机匣连接处的金属延伸段也取消了。III 型开始配用刺刀，是一种可拆卸的匕首形刺刀，尖头双刃，刀身两面都有血槽。另外，从 III 型开始，AK47 的弹匣变成了我们熟悉的带有凹凸加强筋的弹匣。不过由于混用老式的无加强筋的光滑弹匣，所以不能作为确定 III 型的特征。

图 3-17 AK47-III 型是 AK47 系列中产量最大的型号，也是 AK47 的基本型。III 型开始采用铣削机匣，加工质量更好，而且重量比 I 型和 II 型都要轻便。

图 3-18 AK47-III 型机匣侧面抛壳窗下方有一个长方形的凹槽。

图 3-19 AK47-III 型机匣和枪托连接处不再有金属延伸段了。

图 3-20 AK47-III 型开始配用刺刀，是一种可拆卸的匕首形刺刀，尖头双刃，刀身两面都有血槽。

AK47 的单发连发转换装置设计特色鲜明，其顺序为"保险—连发—单发"，而不是通常的"保险—单发—连发"。很多人认为，这样可以防止新兵在紧张状态下，想单发却把转换装置的拨片一拨到底，成为连发状态，一扣扳机，把子弹一下子全打光了。但这算不上什么特别好的设计，万一遇上了紧急情况，需要连发来快速倾泻火力，这时只有老手才能保证拨到中间档位，新兵就不一定做得到。总体而言，这种转换设计对于新兵可能并不友好。

客观而言，在自动步枪中，AK47 的工作原理并不复杂，但枪械本来就不是什么简单的机械结构。AK47 的魅力不仅仅是能够让人尽情体验如泼水一般喷射子弹的快感，而是它精妙的结构，让人着迷，欲罢不能。

AK47 的优点首先是威力大。AK47 的枪口初速是 710 米 / 秒，在 100 米距离可以轻松射穿 10 毫米厚的钢板（如果使用穿甲弹，可以射穿 18 毫米厚的钢板）、250 毫米厚的砖墙或 400 毫米厚的木板，所以普通防弹衣根本挡不住 AK47，甚至在实战中，轻装甲防护的步兵战车、装甲车被 AK47 击穿的例子也很多。

AK47 使用的 M43 型 7.62×39 毫米中间威力步枪弹的贯穿性很强，命中人体会直接射穿，而且其巨大的冲击力会在出口处爆开，形成入口小出口大的创伤，因此即便是击中四肢，也会瞬间失去行动能力——专业术语叫停止作用强。被 AK47 击中要害，结果肯定就是丧命。躯干部非要害处中弹，如果不及时救治，也会因为大量出血而死亡。四肢中弹，致残的可能也很大。总之，在战场上被 AK47 击中，肯定是很危险的事情。AK47 威力大，绝不是浪得虚名。

图 3-21 AK47 是一代名枪，而且生产工艺简便，所以有很多国家和厂家进行仿制，但大部分仿制型的质量都不如苏联的原产型。图为苏联原产的 AK47。

而且，AK47 配用的弹匣是 30 发容量，火力持续性好。同时代西方国家的突击步枪弹匣容量，一般都只有 20 发，在这一点上 AK47 又占据了优势。

第二个优点是皮实可靠，在各种恶劣环境下都可以正常使用，无论是炎热的沙漠，还是酷寒的雪原、潮湿的雨林，AK47 都能够应付自如。除非是非常极端的情况下。因此曾出现一些被夸大的"AK 神话"，本书后文会进行详细的说明。拂去种种夸大和吹嘘，比起西方同时代的突击步枪，AK47的可靠性确实是无与伦比的。

在极限射击的测试中，AK47连续射击了1.6万发子弹，除了枪管微微有些发红，精度没有出现较大下降，射速更是没有任何影响，一次卡壳都没有出现。这样的可靠性，在战场上自然是备受青睐的，谁也不希望自己手里的武器在关键时刻掉链子。

第三个优点是结构简单，完全分解大约是100多个零部件，不完全分解通常是分为12个部分：

图3-22 AK47分解示意图。

1. 枪托；

2. 枪机回转式闭锁机构；

3. 复进簧；

4. 机匣盖板；

5. 上部护木部件；

6. 装有瞄准镜的枪管；

7. 下部护木；

8. 弹匣；

9. 导气管；

10. 枪把；

11. 扳机和扳机护圈；

12. 接收器。

AK47 全枪粗略分解的话，可以分为机匣、机匣盖、上护木、自动机、复进机、弹匣等几大部分。

组装时，先装枪管。AK47 的枪管连接方式有螺接和过盈配合两种。螺接通过螺纹连接，而后打 2 根销钉固定。过盈配合也是机匣中的常见配合机构，结构简单，但需要较为复杂的装配工具，对枪械生产的要求也更高。

想要组装 AK47 的枪管部分，首先是照门表尺基座（节套），表尺由簧片和销子固定在基座上，表尺上有一个由游标、游标锁钮、游标弹簧组成的表尺游标，配合基座上的弧面，装好表尺射程，表尺的最大射程为800 米。表尺基座由一个销子固定在枪管上，枪管上铣出了一个销槽。

现在不少人认为 AK47 的枪管延展性很糟糕，不能安装诸如战术手电、瞄准具、夜视瞄准仪以及榴弹发射器等战术附件，但是请别忘了，AK47 诞生的年代是 1947 年，这些战术附件都是在 20 世纪 90 年代才出现的，以 21 世纪突击步枪的标准来评价 AK47 显然是有失公允的，在AK47 问世的那个年代，它绝对是最高水准。

接着是为了固定上护木的回转卡扣。护木前后由金属包裹，护木里还有支撑块，护木后端插进下机匣，前段由一个卡销固定在枪管上。背带环插入活塞气室缝隙，二者依靠销子固定在枪管上。

接着是活塞筒，活塞筒左右上方都开有气孔，用来排泄多余气体。AK47 的上护木，前端插在活塞气室后面，后端用照表尺座上的回转卡扣固定。

准星则是螺接在插在准星基座上的准星座上，准星基座由两个销子固定在枪管销槽处，比较特别的是，前一个销子同时也是膛口装置弹簧销的限位销。螺接上枪口装置后，弹簧销会正好卡住装置，避免松动。

图 3-23 AJ47 的枪口准星特写。

再是组装机匣，先组装好单发连发转换拨片，一个短螺钉夹住保险拨片、垫片和单发连发转换本体螺接。再从机匣缺口处插入，稍作回转就完成固定。单发阻铁、扳机共用一根轴销固定在机匣，两者之间还有单发阻铁弹簧。另一根轴销把击锤和击锤扭簧固定在机匣上，同时扭簧两端压在扳机上，兼做扳机弹簧。不到位保险以及不到位保险簧则有第三根销轴固定。因此，AK47 的机匣上能明显看到三根销轴。

弹匣卡笋由卡笋、弹簧、轴销三部分组成。弹匣前端挂在机匣上，卡笋顶住弹匣口后端，换弹时射手压下卡笋，即可卸下弹匣。

接着是握把，由一根长螺钉连接在机匣上。枪托内钻了两个大孔，下面的孔放置了保养工具和便于弹出工具筒的大弹簧，可以配合使用通条进行枪械的日常维护保养——就算 AK47 再皮实，还是得做日常保养的。两个大螺钉将金属枪托底板连同枪托附件盖固定在木质枪托底部。

背带环和枪托的连接同样由螺钉完成。连接套插入下机匣尾端，再次通过螺钉固定好。

接着就是枪机，这也是枪械最核心的部件。轴销把抽壳钩、抽壳钩簧固定在枪机上。限位销配合击针的限位面，固定在枪机上。再把完成组装的枪机插进形状有点奇特的枪机框，组装时要注意配合枪机框的开闭锁螺旋面。活塞杆和枪机框的连接通过销接实现。AK47 的开闭锁螺旋槽，相信绝大多数人看到后都会一脸懵的。

枪机组装完毕，把活塞插进活塞筒。再装复进簧，复进簧由大小导杆连接，用 C 型卡扣固定。复进机簧前端插入枪机框孔内，后端插入下机匣尾端的 T 形槽。

最后，机匣盖前端插入枪机框和照门表尺基座的空隙，空隙上平面和机匣上的平面完成限位，同时复进机后端凸出于机匣盖表面完成固定。AK47 的机匣盖固定方式非常"松散"，并不稳定。AK47 一般通过侧镜桥加光学瞄准镜，也有加装上护木上。苏联原厂的 AK47 的瞄准镜加装在枪身左侧的燕尾槽上

到这里就算是组装完成。插上弹匣，拉动拉机柄，子弹上膛，就可以射击了。

这样的结构对于一支全自动步枪来说，确实是称得上简单了。由于结构简单，所以维护保养相对也很简单。由于零部件中大量采用冲压技术

图 3-24 刚刚完成组装的 AK47 突击步枪。

加工，所以非常便于大规模工业化生产。在条件简陋的手工枪械作坊，制造也很简单，在阿富汗巴基斯坦边境的枪械作坊，技术熟练的工人只需要30分钟就能造出一把"山寨版"的AK47来。

便于加工生产的直接后果就是成本低廉。在国际市场上，正规渠道购买AK47，单价通常在200至300美元之间。作为对照，美国M16突击步枪的官方售价高达800美元，即使是美国军方的采购价也高达580美元。在黑市交易中，AK47的价格大约在100美元左右。当年苏联大量制造AK47，为了尽快收回成本，一度以15美元一支的跳水价甩卖。

另外，AK47的价格也是这一地区冲突是否可能爆发的风向标，当AK47售价在250美元至400美元之间时，表明这一地区局势稳定。当AK47的售价涨至1000美元时，就意味着这一地区爆发冲突的可能性大大增加，武装冲突很可能一触即发。

AK47显然成了暴力和冲突的代名词，在粗犷的枪身上无疑染着浓重的血腥气息。

价格一低，产量自然就高。AK47包括第二代AKM、第三代AK74，

图 3-25 AK47 由于结构简单便于生产价格低廉，因此包括各种方执行在内产量非常大，也成为战后历次局部冲突中被大量使用的突击步枪。

各种衍生型号以及仿制型号，总产量达到了 1.6 亿支，是全世界产量最大的自动步枪，这个产量估计未来也不可能被超越。

除了苏联以外，世界上有许多国家也都对 AK47 系列进行了授权生产或仿制，包括民主德国、捷克斯洛伐克、南斯拉夫、匈牙利、中国、波兰、罗马尼亚、保加利亚、埃及、古巴、朝鲜等十多个国家。装备 AK47 系统枪械的国家更是超过 20 个，因此 AK47 系列是世界上产量最高、使用范围最广和改进类型最多的自动步枪。

当然，任何事物都不可能十全十美，AK47 同样也存在缺陷。

AK47 的缺陷主要有三点：

第一个缺陷是重量太重，空枪就达到 4.3 千克，装上弹匣则超过 6.5 千克，拿着一支十来斤重的家伙，在战场上奔跑、跳跃、翻滚，绝对不是一件轻松的事情。这点重量对于人高马大的欧洲人来说，或许还可以接受，但对于体型瘦小的亚洲人或者女性，就是很大的负担了。

第二个缺陷是 AK47 的射速太快了。有人会说射速快不是优点吗？任

图 3-26 AK47 的射速太快了，射速快，固然火力猛烈，但同时弹药消耗也大，势必要求士兵随身多带弹药，加重了单兵负荷。如果改用单发射击，火力压制的效果就差了，等于是拿自动步枪当半自动步枪来使了。图为 AK47 射击时的枪口特写。

何事情都是过犹不及的，AK47 的理论射速高达每分钟 600 发，30 发弹匣也只能连续射击 3 秒钟，就连 AK47 的第二代 AKM，配发最大容量 100 发的弹匣，最多也只能打 10 秒钟。射速快，固然火力猛烈，但同时弹药消耗也大，势必要求士兵随身多带弹药，加重了单兵负荷。如果改用单发射击，火力压制的效果就差了，等于是拿自动步枪当半自动步枪来使了。

第三个缺陷就是后坐力太大，影响射击精度。这是 AK47 最受诟病的问题。

由于 AK47 的进气室空间大，过度导气，冲量足，再加上还有个容沙槽，所以一般的灰尘沙粒很难进入枪机内部，大大降低了故障率，但同时也导致后坐冲量很大，而且又是采用长行程活塞，射击时枪身整体震动很大，枪口上跳很严重，精度自然就差了。

导致 AK47 精度差的另一个原因就是斜向枪托，这是沿袭第二次世界大战时期自动步枪的枪托样式。斜向枪托射击时，在后坐力传递的同时，会引起严重的枪口上跳，这就极大地影响精度了。

卡拉什尼科夫也意识到了这个问题，所以在设计第二代 AKM 的时候，就将枪托的斜角角度调小了。相比之下，美国的 AR 系列自动步枪（M16 就是由 AR15 发展而来）都是采用直枪托设计，中国的 95 式和 191 式自动步枪也都是采用直枪托，而且枪管和枪托在一条直线上，后坐力直接传递到枪托，这样的设计对控制精度就非常有效。

苏联方面固执坚持斜向枪托，不仅仅是沿袭自战时的设计，而且是因为认为直枪托设计会导致瞄准基线高，在战场上容易暴露。但是，AK 系列后续的很多改进型号都采用了直枪托，像 AK74M 就是直枪托。

图 3-27（上）AKM 突击步枪的直枪托和（下）AK47 的斜枪托的对比。

不过，即便改为直枪托，还是没能从根本上解决 AK47 的精度问题。为此，苏联枪械设计人员尝试过各种类型的枪口装置，以有效控制枪口上跳，如缓冲器、小握把等。在经过多次试验后，最终发现加上两脚架是最有效的办法。但是加上两脚架在使用时会有很多限制，只能进行有依托射

图 3-28 加上两脚架虽然可以解决枪口上跳现象，但是加上两脚架在使用时会有很多限制，只能进行有依托射击，在跪姿射击、站姿射击、移动射击时都没有用，而且还碍事。所以，最终也没有推广两脚架。图为加装两脚架的 AK47。

击，在跪姿射击、站姿射击、移动射击时都没有用，而且还碍事。所以，最终并没有推广两脚架。

尽管存在这些缺陷，但终究瑕不掩瑜，AK47 整体而言还是一款非常成功的突击步枪，不然苏联军队也不会在长达 40 年的时间里都选择 AK 家族作为制式装备，世界上这么多国家也不会选择 AK 系列。产量如此之大，使用如此之广，就已经证明了 AK47 的成功。

从 20 世纪 90 年代以后，现代枪械就兴起了一股挂载战术附件的风潮。这是由于现代战争的发展，对于单兵的战术要求也越来越高。于是就出现了在枪械上挂载战术附件来获得更多的战术适应性的现象。

由此，在很多士兵的照片上，都可以看到在枪械（主要是突击步枪）上挂载各种各样，甚至是乱七八糟的小零件，那么战术附件有哪些？是不是越多越好？

首先是战术手电，也叫作战术灯，是为了更好地完成战术任务而使用的军用手电。很多人认为战术手电就和家用普通手电差不多。其实两者是有很大区别的。

战术手电与普通家用手电筒在原理和结构上没有本质的区别，但战术手电要适应在各种恶劣环境条件下的使用要求，因此很多性能，例如在高低温度性能、密封、防腐蚀性、耐用性、照度、色温等方面都要比普通家用手电高得多。

战术手电的强光灯泡既充氙气又充碘，虽然只是一个小小的灯泡，但工艺要求非常高。战术手电一般要求亮度超过 60 流明，灯泡功率超过 6W。中光斑必须是比较规整的类圆型，一定要非常均匀，不能有暗斑和亮点，中心光斑与周围泛光之间要有比较平滑的过渡区，逐渐降低亮度，而且中心光斑的光束呈圆锥状，要有一定的发散角，一般在 15° 左右。

和家用手电最大的不同，战术手电的照度与色温很高，如果直接照射人的眼睛，会有强烈的视觉抑制作用。在黑暗中将光柱直射对方的脸部，不仅会让对方无法辨别战术手电的位置，而且可能产生晕眩。在暗室突入的时候，还有一定的非致命性杀伤功能。

图 3-29 和家用手电最大的不同是战术手电的照度与色温很高

有人觉得在黑暗中使用手电，反而会暴露自己的位置，这显然有误解。因为战术手电有很高的照度与色温，具有很强的对抗性。要想循着手电的光柱进行攻击，基本上是不太现实的。

战术手电最大的优势，就是在黑暗中，可以避免一手持手电照明，另一只手单手持枪。可以像白天那样，双手持枪，枪口指向哪里，战术手电就照向哪里，为搜索、射击提供照明。

第二种战术附件就是瞄准具。瞄准具的种类有很多，传统的是机械瞄准具，虽然机械瞄准具会遮挡视野，瞄准速度也比较慢，但调节性比较方便，而且调节方式稳定，很多狙击手依然偏好机械瞄准具。

最常见的是红点瞄准具，也叫反射式瞄准具，是一种无放大率的光学瞄具，有光亮的瞄准点（通常为一个小红点）。这并不是直接把一个红点放在瞄准具中间就行了，这种瞄准具的黑科技在于无论怎么晃，红点都会落在目标上，不会偏离目标。而且视野也比机械瞄准具要广阔。

更专业的是倍率瞄准具。通常是自带变倍，但倍数不会太高，可以用来瞄准稍远距离的目标，弥补狙击步枪和小口径步枪之间的空白。

由于各种瞄准具各有优劣，所以现在最主流的是混搭组合多种瞄准具。最经典的组合是红点瞄准具加倍率瞄准具。瞄准近距离目标用红点瞄准具，把倍率瞄准具转到一边；当瞄准远

图3-30 由于各种瞄准具各有优劣，所以现在最主流的是混搭组合多种瞄准具。

距离目标是，再把倍率瞄准具掰回来。

　　榴弹发射器也是重要的战术附件。枪用榴弹发射器为了能够挂载在步枪上，结构更为紧凑，重量也同步减轻，通常不会超过1千克。发射40毫米榴弹，射程达到400米，不但可以攻击集群目标，而且可以打击坚固工事。有效填补了单兵手榴弹和迫击炮之间的面杀伤空白，从而成为单兵最重要的面杀伤火力。

图3-31 在突击步枪下挂载榴弹发射器，成为单兵最重要的面杀伤火力。

　　除了榴弹发射器，挂载霰弹枪也是一种比较常见的火力加强方式。有的是简单粗暴地将雷明顿M870短枪管版霰弹枪直接挂载在步枪上，或者将霰弹枪截短了枪管装在步枪上，但这样射速比较慢，而且射击时也比较别扭。所以又出现了模块式霰弹枪战术附件，是基于霰弹枪进行改装，结构更紧凑，使用也更方便。

图 3-32 挂载霰弹枪也是一种比较常见的火力加强方式。

    枪械的战术附件不仅有装在枪身上，还有装在弹匣上的，例如并联弹匣，这种战术附件的历史可以追溯到第一次世界大战，当时很多士兵用布条直接把两个弹匣绑在一起，换弹时把弹匣一转就可以把第一个已经打完的弹匣卸下来，同时第二个弹匣装上去。这种换弹方式很迅速，具有很强的战术性。此后逐渐发展，连接弹匣的材料从布条到胶布到铁丝再到今天专业的连接器。

图 3-33 弹匣连接器能够大大提升更换弹匣的速度，从而提升战术性。

由于挂载在枪身上的战术附件越来越多，如何方便地进行安装、拆卸就成了突出的问题。例如，采用传统的燕尾槽式接口安装瞄准具，一般要求要安装到指定位置，而且锁紧、固定装置复杂。为了解决这个问题，就出现了皮卡汀尼导轨（Picatinny rail），也叫鱼骨导轨，简称皮轨，是一种安装在枪械上的标准化附件安装平台。

皮卡汀尼导轨采用横向槽固定安装附件，一般安装附件不需要特别的定位要求，而且锁紧、固定装置相对简单便捷，所以皮卡汀尼导轨出现后，很快就得到了普遍欢迎，几乎成为了现代突击步枪的标配。

图3-34 皮卡汀尼导轨由于对加装战术附件没有特别的定位要求，而且锁紧、固定装置相对简单便捷，所以几乎成为了现代突击步枪的标配。

1951 年 6 月，中国军事代表团访问苏联，主要是和苏联协商对中国国防建设的援助。AK47 在苏联从 1949 年起量产装备部队，而在 1950 年到 1953 年的抗美援朝战争中，苏联向中国提供了很多军事援助，连当时最先进的米格 –15 战斗机都提供了，但偏偏没有提供 AK47。1951 年 6 月访苏的中国军事代表团与苏联谈判的核心内容就是希望提供 AK47 突击步枪。经过一番艰苦的谈判，苏联同意提供包括 AK47 在内的 8 种轻武器的全部图纸和技术资料，在同年 9 月交给中国，并向中国派出了专家，全程指导中国进行仿制工作。在苏联技术援助和专家顾问的指导下，中国于 1956 年仿制成功了由三种枪械组成的 56 式枪族：

仿制 AK47 的 56 式冲锋枪（简称 56 冲）、仿制 SKS 卡宾枪的 56 式半自动步枪（简称 56 半）和仿制 RPD 轻机枪的 56 式班用轻机枪（简称 56 轻机），这三款轻武器口径一样，都是 7.62 毫米，都使用 7.62×39 毫米中间威力步枪弹，大大简化了弹药供应，成为真正意义上的枪族，因此被称为 "56 式三剑客"。另外还仿制了苏联 M1943 型 7.62×39 毫米中间威力步枪弹的 56 式步枪弹，作为 56 式枪族的国产配套弹药。

看到这里，肯定有人会觉得奇怪，AK47明明是自动步枪，而且还是使用中间威力步枪弹的突击步枪，为什么中国的仿制型号却被称为"冲锋枪"？

这主要是因为，当时我们对于冲锋枪的定位和战术运用有认识上的误区。在20世纪30年代，冲锋枪在中国被称为花机枪或者手提机枪，在战术上主要是将冲锋枪集中起来，在冲锋突击时进行火力压制。到了解放战争时期，随着缴获的冲锋枪越来越多，解放军开始把冲锋枪下放到配置步兵班，作为步枪火力的补充，主要负责提供近距离的火力压制。

这样导致一直到20世纪50年代初期换装苏械时，解放军依然将冲锋枪作为步兵班火力的补充。在淘汰了万国牌的杂式枪械，开始统一装备制式枪械的时候，步兵班就是正副班长配备仿制PPSh43波波沙的54式冲锋枪，普通步兵则配备仿制莫辛纳甘步枪的53式步骑枪。

到了56式枪族开始装备部队的时候，依然延续了之前的战术运用思路，正副班长配备仿制AK47的56式——当然还是要叫冲锋枪，普通步

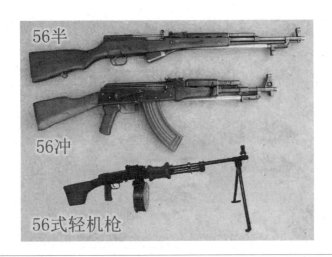

图4-1 中国56式枪族（上）56式半自动步枪（中）56式冲锋枪（下）56式班用轻机枪。

步枪之王：
AK47传奇

兵则配备仿制 SKS 卡宾枪的 56 式半自动步枪。正副班长装备的 56 式冲锋枪作为班组火力支援武器，主要用于提供近距离压制火力。

这就是 56 式冲锋枪在很长一段时间内都没有被叫作自动步枪的原因。直到 20 世纪 60 年代，对步枪、自动步枪和冲锋枪的定义才逐渐明晰。随后研制装备了第一代自动步枪——63 式自动步枪，但尽管叫自动步枪，却仍然保留着老式手动步枪的特征。

步枪、冲锋枪开始有明确严谨的区分，是在 20 世纪 80 年代。按照《中国兵器工业科学技术辞典》（轻武器分册）中的定义，冲锋枪是单兵双手握持，可发射手枪弹的轻型全自动枪。这个定义的关键词是"发射手枪弹"和"轻型全自动"。56 式冲锋枪系列一直到 1991 年定型、1992 年量产的 QBZ56C 型（QBZ 是拼音"枪－步－自动"的首字母，就是自动步枪的类别缩写代码）才被正式定义为自动步枪。而 56 式冲锋枪之名已经叫了 30 多年，对几代人来说都是印象深刻的名字，就是所谓的约定俗成了。虽然在此后一些资料文章里，也开始使用"56 式自动步枪"，但"56 式冲锋枪"的叫法实在太深入人心，几乎是难以动摇的。

中国高层领导非常重视 AK47 的仿制工作。1955 年 4 月，指定被誉为"共和国枪械的摇篮"的位于黑龙江省黑河北安市国营 626 厂（庆华兵工厂）负责仿制 AK47，同时苏联专家也陆续到达工厂，人数是以前仿制其他枪械的好几倍，此外还从西南工学院、二机部第二研究所以及齐齐哈尔 127 厂（和平机械厂）借调翻译人员和技术人员组成了 40 人的翻译组和 60 人的工作组。

1955 年 8 月，626 厂陆续收到包括产品图、设计计算、尺寸链计算、试验检查规范等在内的 AK47 全套技术资料，总共 781 册。AK47 的资料到位后，工厂立即成立以主管生产副厂长和总工程师为负责人的试制准备委员会，技术总负责人为赵瑞之工程师，下设翻译、描绘、晒印装订、机械设备改装和工具等五个小组。

工厂还专门成立了试验班组、车间报审、工厂审定的三级定型组，层层把关。工厂还与驻厂军代表成立联合检验组，确定定型样品。1956 年 4 月，第一批生产的 3000 支成品枪中随机抽取了 10 支，进行自动性、强度、硬度、互换性、耐久性、散布精确和射击精度测试，取得了令人满意的效果。随后，二机部对这批样枪进行了严格的测试和鉴定，最终确定 AK47 仿制成功，正式定型为 1956 年式 7.62 毫米冲锋枪，开始投入量产。

到 1957 年，56 式冲锋枪的产量就已经达到了年产 7 万支的规模。如此强大的生产能力，令当时的主管部门都有些惊讶，这也反映出 AK47 工艺简单，确实是很适合大规模生产的。

图 4-2 中国的 56 式冲锋枪实际上是突击步枪，是 AK47 的中国仿制版。

资料 4-1：56 式冲锋枪基本数据

口径：7.62 毫米

全枪长：874 毫米（枪刺折叠时）

1100 毫米（枪刺打开时）

全枪重：4.03 千克（不带弹匣）

6.36 千克（带 30 发弹匣）

枪管长：415 毫米

膛线：4 条，右旋，缠距 240 毫米

瞄准基线：378 毫米

枪口初速：710—730 米 / 秒

枪口动能：2000 焦耳

理论射速：600 发 / 分钟

发射枪弹：7.62×39 毫米 56 式中间威力步枪弹

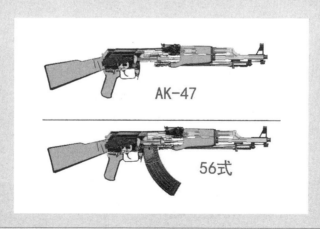

图 4-3 AK47（上）和中国 56 式（下）的侧视对比。

弹匣容量：30 发

表尺射程：800 米

有效射程：400 米

最大杀伤力射程：1500 米

56 式冲锋枪与 AK47 的性能基本一致。56 式冲锋枪战斗射速快，点射每分钟 90 至 100 发，单发射击每分钟 40 发，同时也延续了 AK47 威力大的特点，使用 56 式 7.62×39 毫米步枪弹，在 100 米距离上能击穿 6 毫米厚钢板、150 毫米厚的砖墙、300 毫米厚的土层或 400 毫米厚的木板。

最早期型的 56 式冲锋枪和原型 AK47-III 型没有任何区别，准星护圈为开放式的半包围两侧护翼样式，刺刀也采用了原版的多功能刺刀。唯一

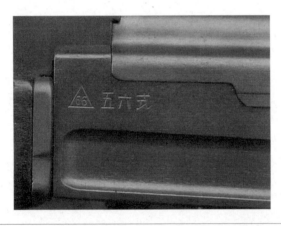

图 4-4 最早期型的 56 式冲锋枪和原型 AK47III 型没有任何区别，准星护圈为开放式的半包围两侧护翼样式，刺刀也是采用了原版的多功能刺刀。唯一的区别，只是单发连发转换装置上的文字从俄文改成了中文。图为单发连发转换装置上的中文特写。

的区别只是单发连发转换装置上的文字改成了中文。56式冲锋枪列装部队后，使用过程中发现了一些缺陷，比如56式冲锋枪的准星护翼夜间射击时容易被误当成准星，导致影响射击准确性。针对这个问题，626厂随后就进行了改进，将56式冲锋枪的半包围护翼准星改成了全包围护环样式，在护环顶端有开孔。这一点也就成了56式冲锋枪和原版AK47在外形上的一大区别。

第二个区别，56式冲锋枪最初和AK47一样，都是采用铣削机匣，这种机匣的缺点是比较重，而且加工过程比较复杂，成本高，所用原材料也多。在当时冲压技术对于轻武器来说是一种低成本的生产技术，但是冲压技术的难度要比铣削技术高，生产设备上，铣削工艺只要有台机床就可以了，冲压工艺的加工设备也更为复杂。简单来说，冲压工艺的前期投入成本大，铣削工艺门槛低，但铣削工艺的总体生产成本高。苏联在攻克了冲压工艺的难关后，AK47的第二代改进型AKM就采用了冲压机匣，但是此时我国和苏联的关系已经恶化，苏联不可能再向我们提供相关技术了。56式冲锋枪仿制的技术负责人赵瑞之在1964年至1967年担任援建阿尔巴尼亚国防工程55项目专家组组长时，有机会接触到了采用冲压机匣

图4-5 由于准星护翼夜间射击时容易被误当成了准星，导致影响了射击准确性。因此56式冲锋枪后来就将半包围护翼准星改成了全包围护环样式，在护环顶端有开孔。这一点也就成了国产版56式冲锋枪和原版AK47在外形上的一大区别。

的 AKM，因此他回国后就立即着手对 56 式冲锋枪铣削机匣改为冲压机匣的技术攻关，很快就取得了成功，因此，20 世纪 70 年代以后 56 式冲锋枪的生产线都逐步改为冲压机匣。不过原来铣削机匣的 56 式冲锋枪仍在部队中使用。

冲压机匣的 56 式冲锋枪和同样采用冲压机匣的 AKM 在外观上也很好区别，56 式的机匣盖上没有加强筋，外形更加流畅简洁，AKM 的机匣盖上有加强筋，区别还是很明显的。此外，56 式的冲压机匣的铆接方式与 RPK 相似，和 AKM 不同。

采用铣削机匣的 56 式冲锋枪可靠性非常高，很多老兵在十多年的服

图 4-6 采用铣削机匣的 56 式。铣削机匣的缺点是比较重，而且加工过程比较复杂，成本高，所用原材料也多。在当时冲压技术对于轻武器来说是一种低成本的生产技术，但是冲压技术的难度要比铣削技术高，生产设备上，铣削工艺只要有台机床就可以了，冲压工艺的加工设备也更为复杂。

图4-7 采用冲压机匣56式。简单来说，冲压工艺的前期投入成本大，铣削工艺门槛低，但铣削工艺的总体生产成本高。

役经历中都没有遇到过一次故障，因此有了"一万年也用不坏"的评价。

铣削机匣的56式也是56式生产数量最多的一个版本，不但大量装备了解放军，也大量援助给了越南、巴基斯坦、阿尔巴尼亚等友好国家，在一定程度上甚至挤压了其原版AK47的市场。

56式冲锋枪与AK47最大的区别是刺刀，苏联原版的AK47-I是没

图4-8 56式冲压机匣的特写。

图 4-9 56 式是以 AK47III 型为原型的，所以应该也是配有配苏式匕首式样的多功能刺刀。

有配刺刀的，II 型和 III 型则是配有匕首式样的多功能刺刀。56 式是以
AK47–III 为原型的，所以应该也是配有刺刀的。但是实际上 56 式的刺刀
设计还是经过了一番波折。一开始总参谋部认为，现代战争主要依靠火
力，使用刺刀进行白刃战的机会不多，而且配上刺刀会增加枪重，加上
56 式冲锋枪的枪身短，并不适合进行拼刺，所以不主张配刺刀。苏联顾
问认为，还是需要加装刺刀，这样会增加作战效能，并表示苏军的 AK47
也都已经配备了刺刀。1958 年 1 月 22 日的军委办公会议专门讨论了 56 式
冲锋枪要不要配刺刀，最后决定不配。所以，1958 年之前生产的最早一

图 4-10 装备早期型 56 式的解放军，可以看到是配有配苏式匕首式样的多功能刺刀。

步枪之王：
AK47 传奇

批 56 式配苏式匕首式样的多功能刺刀，1958 年以后的 56 式就不再配刺刀了。

1958 年，有 6 个单位自发开始研究能够发射 56 式 7.62×39 毫米步枪弹的新式步枪。这种新式步枪的设计思路是在 56 式半自动步枪基础上增加连发性能，成为一款步冲合一的通用枪，在这款新枪上是配刺刀的。

1962 年对印自卫反击作战，56 式冲锋枪经受了实战考验后，部队对 56 式的性能评价很高，而唯一提出需要改进的也是希望能够加装刺刀。

根据部队的反映，军械部认为在步冲合一的新型通用枪定型装备之前，56 式冲锋枪还是应当加上刺刀，并向总参谋部打了报告。1964 年 5 月，总参谋部批复："现生产的 56 式冲锋枪均增配可装卸的剑形刺刀，将现试制出的刺刀稍加改进后生产，配发部队，并着手研究固定于枪上的棱形刺刀。"

此外，接受 56 式冲锋枪援助的越南也反映："战场上美国兵见到 56 式半自动步枪上发亮的刺刀很害怕。"因此也提出要求在 56 式冲锋枪上加装刺刀。

1966 年 6 月 10 日，总参谋部办公会议最终同意了军械部的意见，今后生产的 56 式冲锋枪装配热轧的折叠式刺刀。至此，有关 56 式冲锋枪要不要配刺刀的争议才算尘埃落定。当年就有 15.2 万支 56 式冲锋枪加装了刺刀。

从 1966 年开始，56 式冲锋枪就配上了外形极具特色的三棱式刺刀。

56 式三棱刺刀又称 56 式三棱军刺，全长 38 厘米，重约 750 克，前端呈鸭嘴状，后端是圆柱形，中间靠后部分呈棱形，并且有三道血槽。平时直接安装在枪上，不进行拼刺时通常是折叠起来的状态，一般不会拆卸下来作为匕首使用。刀身采用合金钢锻压打造而成，钢材的硬度在

60HRC 以上，整刀经过热处理，硬度极高，可以轻松穿透普通的防刺服。刀身上有枪环和底座，可以装在 56 式冲锋枪和 56 式半自动步枪上。刀身还经过去光处理，所以呈灰白色，不反光，虽然没有那种寒光闪闪的视觉冲击，却依然透着凛凛杀气。

图 4-11 从 1966 年开始，56 式冲锋枪就配上了外形极具特色的三棱式刺刀。

三棱刺刀在实战中主要用于刺杀，其他劈、砍、挑、切的功能都比较弱。与普通刺刀相比，三棱刺刀在刺入人体后，造成的伤口不但更深而且创口呈方形，伤者根本无法通过按压方式来止血自救，只有送到后方的野战医院才有条件处理这种伤口，因此，被三棱刺刀刺伤后会持续出血从而造成肢体残废甚至死亡。另外，由于三棱刺刀三面都开有血槽，除了放血以外，还有一个特点，刺刀从人体拔出时，血液会随着血槽大量流出，因失血而收缩的肌肉无法贴紧、无法"吸"住刀身。这样，刺刀可以很容易地从伤者身上拔出，还能进行补刀或立即转向下一个对手。如果刀身没有血槽，因为血压和肌肉剧烈收缩，刺身会被裹在人体内，拔出刺刀就会变

图 4-12 56 式配备的三棱刺刀特写。

得比较困难。战场之上，转瞬之间就是生死一线，相信任何士兵都不愿意因为拔刺刀而浪费时间。

坊间关于 56 式三棱刺刀的传闻也很多，例如刺刀经过特殊处理表面带毒，还有被刺刀刺伤之后医生都难以处理，甚至一刀毙命见到血就死，最后还传言 56 式三棱刺刀因为杀伤力太大、太过残忍而被国际社会禁用，所以解放军后来不得不放弃了 56 式三棱刺刀。当然，这些传闻都是无稽之谈。虽然在解放军的制式刺刀中，确实只在 56 式冲锋枪和 56 式半自动步枪上采用了这种三棱刺刀，之后再没有装备过三棱刺刀，但是主要原因并不是杀伤力太大太残忍而被国际社会禁用，而是因为三棱刺刀功能太过单一，除了刺的功能很突出，其他方面几乎就没有值得一提的功能了。要说杀伤力，和其他刺刀相比，如果其他刺刀上也有血槽，三棱刺刀并没有太大的优势。而在刺刀生产时，要加工出血槽，工艺上也根本没有难度。所以，在现代战争强调多功能的要求面前，功能单一的三棱刺刀后来被淘汰，就是必然的了。

配有三棱刺刀的 56 式冲锋枪才是如今大家最熟悉的样子。至此，56 式冲锋枪有了折叠三棱刺刀、准星护翼全包围、铣削机匣这三大外观特征，也成为判断 56 式冲锋枪的基本标准。不过，必须要强调，这种大家

图 4-13 刺刀处于折叠状态的 56 式。

图 4-14 刺刀处于打开状态的 56 式。

最熟悉最认可的 56 式冲锋枪的外观特征，是在 1966 年以后才出现的，而早期的很多 56 式冲锋枪并没有这些特征。

56 式冲锋枪整体性能究竟如何？要评价一款枪械的性能，实战是检验优劣的唯一标准。

56 式枪族装备部队后，解放军每个步兵班标准编制 12 人，配备 56 式班用轻机枪 1 挺，56 式冲锋枪 2 支（正副班长各 1 支），56 式半自动步枪 8 支。在战术使用上，56 式班用轻机枪负责远距离和持续性火力压制，56 式冲锋枪负责近距离火力压制，56 式半自动步枪负责精确射击，三种枪械合理分配任务，相辅相成，相得益彰。而且三种枪械口径一样，都使用同样的 7.62×39 毫米中间威力步枪弹，后勤保障也更为简便。因此，采用 56 式枪族三剑客的解放军步兵班在 20 世纪六七十年代，整体作战能力是非常强的。

56 式冲锋枪第一次实战就是 1962 年的对印自卫反击战，当时印度步兵班也是三种枪械，布伦式轻机枪、斯登冲锋枪和李－恩菲尔德步枪，其中布伦式轻机枪和斯登冲锋枪是第二次世界大战中诞生的武器，李－恩菲尔德步枪是 1896 年开始装备部队的，性能上比 56 式几乎落后了一代。而且三种枪械口径都不相同，布伦式轻机枪是 7.92 毫米，斯登冲锋枪是 9 毫米，李－恩菲尔德步枪是 7.7 毫米，后勤保障也很麻烦，所以印军步兵班在轻武器上完全被中国解放军压制。

而在 56 式枪族三剑客中，56 式冲锋枪表现最为抢眼，受到部队高度评价。56 式冲锋枪面对斯登冲锋枪，无论射速、射程、威力还是精度，都是完全碾压的，因为斯登是真正的冲锋枪，使用手枪弹，当然无法和 56 式冲锋枪抗衡。就算是面对布伦式轻机枪，56 式冲锋枪也同样不落下风，因为布伦式轻机枪过于笨重，虽然使用 7.92 毫米全威力步枪弹，在远距离杀伤力方面超过 56 式冲锋枪，但射速、精度方面不如 56 式冲锋枪，而且布伦式采用的是全威力步枪弹，弹药的重量要超过 56 式中间威力子弹，所以携弹量明显不如 56 式，这就意味着火力持续性也会比 56 式冲锋枪逊色。面对李－恩菲尔德步枪就更不用说了。

在这场自卫反击战中，56 式冲锋枪最经典的一场战斗就是庞国兴等四人歼灭印军一个炮兵营。

1962 年 11 月 18 日清晨，解放军 55 师 163 团 9 连向邦迪拉方向的西山口东北高地发起攻击，战斗中 2 排 4 副班长庞国兴随战友们开始追击溃散的敌人。此时山间有大雾，能见度很差，所以他迷失了方向，只能朝枪炮声方向赶去，很快庞国兴遇到了同样迷路的 3 排 8 班副班长周文轩、2 排 6 班战士冉福林、王世军，四个人拥有两支 56 式冲锋枪和两支 56 式半自动步枪，就自发组成战斗小组，在庞国兴带领下继续投入追击。不久，他们发现西山口方向有一个印军炮兵营正在向解放军55师主力进攻方向进行炮击，庞国兴四人立刻兵分两路，向数量是自己上百倍的印军炮兵营发起进攻。照常理来说，兵力差距如此悬殊，应该是一场近乎自杀性的行动，但实际情况却令人完全意料不到，四人小组击毙印军一名炮手后，印军炮兵营竟然瞬间溃败，丢下3门87毫米加榴炮就四散而逃。四人小组继续展开追击，冲到了印军第五炮兵团的阵地，一番射击后跟着冲锋，印军再次丢下4门105毫米榴弹炮溃散。接下来，周文轩和另外三个人失散，后来找到部队重逢归队。而庞国兴带领另两名战士继续追击，连续作战15小时，深入印军战线纵深8千米，经过5次战斗，先后击毙7名印军官兵，除了缴获7门火炮外，还缴获了推土机和汽车各2台以及炮队镜、望远镜等器材。在他们的冲击下，印军有7个炮组在逃跑时连人带装备摔入深谷。在战斗过程中，参与战斗的四人小组成员毫发无损，他们的突击极大减少了解放军55师主力面临的印军炮兵威胁。战后，庞国兴荣立一等功，其他三人荣立二等功，他们的辉煌战绩除了自身单兵素质过

图4-15 庞国兴三人战斗小组中两人（中、右）都是使用56式。

硬、智勇双全外，56式冲锋枪和56式半自动步枪带来的武器代差优势也是不可忽略的因素。

在中印之战中，解放军缴获了印军的枪械，都很不屑地扔在一边，这在人民军队历史上是很罕见的情况。由此可见，56式枪族尤其是56式冲锋枪的性能有多出色。

56式冲锋枪参加的第二场实战是1969年的中苏珍宝岛之战。相比中印边境自卫反击战，珍宝岛之战的规模要小多了，56式冲锋枪同样发挥了重要作用。由于已经预计到很可能会发生冲突，为了加强珍宝岛守备部队的步兵火力，从相关照片来看，珍宝岛守备部队清一色都装备了56式冲锋枪，比对印自卫反击战时解放军步兵班的装备水平更上了一个层次。珍宝岛之战时最低气温都在零下30摄氏度左右，56式冲锋枪在高寒地区表现依然很出色，几乎没有受到低温的影响，发挥可靠稳定。

接下来56式冲锋枪参加的战争就是越南战争，不过并不是解放军直接参战，而是作为援助装备大量提供给了越南，包括北越的正规军和南越

图4-16 解放军的步兵班混合装备56冲锋枪和56半自动步枪。

图 4-17 手持 56 式正在进行射击训练的解放军士兵。

的游击队，都大量装备了 56 式冲锋枪，装备比例甚至超过了解放军，几乎成为越军的标配单兵轻武器装备。在东南亚的热带雨林里，56 式冲锋枪经受住了潮湿高温的自然条件考验，并且在植被茂盛的雨林中，56 式冲锋枪猛烈密集的火力表现非常优异，获得了越南方面的交口称赞。就是和苏联援助的原厂 AK47、AKM 相比，56 式也并不差多少。也正是在越南战争中，56 式的出色表现在国际市场上赢得很高的声誉，甚至挤占了

图 4-18 在 1979 年对越自卫战中，解放军依然装备有大量的 56 式，同样在战争中发挥了重要作用。图左正在进行射击的战士使用的就是一支 56 式。

苏联 AK47 系列的海外销售。同时，56 式冲锋枪也成了越南民族解放和自由的象征。

除了这几场 56 式冲锋枪有明确的成建制参战的记录以外，20 世纪 60 年代到 80 年代的绝大部分局部冲突中，也都可以看到 56 式冲锋枪的身影。在这些实战中，56 式冲锋枪都得到了参战人员的认可，整体表现出色。20 世纪 80 年代以后，由于现代步枪的迅猛发展，56 式冲锋枪的技术水准已经明显落伍了，因此逐渐退出了历史舞台。

应该说，在长达 20 多年的历次实战中，56 式冲锋枪经受住了严酷战场环境的考验，表现不俗，堪称一代名枪。

资料 4-2：现在突击步枪为什么还要配刺刀？

13 世纪以后开始出现了热兵器的火枪，但是并不意味着战争就此一步跨入了热兵器时代。由于早期热兵器的性能落后，射程近射速慢，威力也不足，所以在很多时候，战场热兵器还是不能完全取代冷兵器，经常还要使用冷兵器来进行战斗。这样在很长一段时间里，在热兵器的火枪上配备令兵器的刺刀，就是一种常态。甚至直到第二次世界大战，在步枪上配刺刀都是一种标准配置。

单兵自动武器，如半自动步枪、自动步枪出现之后，这些自动武器的性能比过去有了极大提升，射程更远，射速更快，威力也大大增强了。所以看起来，自动步枪已经可以完全控制战场局面，再出现冷兵器时代白刃格斗的情况已经不太可能了，一些武器专家就认为不再需要为自动步枪上配备刺刀。

于是早期的自动步枪大都没有配比刺刀。但是战场上的情况瞬息万变，完全不是武器专家所料想的那样。例如，子弹打完了，或者突然遭遇敌方，来不及开火射击就进入了贴身肉搏的状态……战场上的无数事例最终雄辩地证明，即便自动步枪也还是需要配备刺刀的，以应对战场上各种预料不到的情况。

刺刀又称枪刺、军刺，是安装在单兵长管枪械（如步枪、冲锋枪）前端用于刺杀的冷兵器。早期通常会安排长矛手或长枪手来保护火枪手，但最可靠的保护还是要靠自己，所以根据《大明会典》记载，最早在明朝永乐年间（公元1451年前后）首次出现了在铁铳上安装矛头。从将火枪与长矛的功能融于一体的角度来说，这可以称为刺刀最早的雏形。

图4-19 刺刀又称枪刺、军刺，是安装在单兵长管枪械（如步枪、冲锋枪）前端用于刺杀的冷兵器。

关于现代刺刀的诞生，主要有两种说法：一种说法是由一个不知名的法国人于1610年发明的；另一种说法是由法国军官马拉谢·戴·皮塞居于1640年发明的。但不管是那种说法，世界上第一把现代的刺刀，诞生在法国的小城巴荣纳，所以英语刺刀叫作"Bayone"，就是从"巴荣纳"演变而来。这种最早的刺刀为双刃直刀，刀身长约1英尺（30厘米），锥形木质刀柄，可以插入滑膛枪枪口。

1642年，已经成为元帅的皮塞居在指挥法军进攻比利时的伊普尔时，为火枪手配备了刺刀，这是世界上最早装备刺刀的纪录。

到了19世纪，刺刀和枪械一样有了长足的发展，而且逐渐受到重视。一般采用长刀形式，刀刃在50厘米以上。这是刺刀向多功能发展的体现，装上步枪可以当刺刀用，也可以不装在步枪上作为军刀来使用。

图4-20 现代刺刀尺寸更为紧凑，而且注重多功能性。

到了 19 世纪后期，以弹簧为助力的固定卡榫成为刺刀最常见的样式，而且刺刀的长度大为缩减，短刀成为主流，刀刃不超过 50 厘米，甚至有些刀刃程度缩短到了 40 厘米以下，这种样式一直沿用至今。

随着半自动步枪、全自动步枪逐渐普及，而且还配有大容量弹匣，单兵的火力大增，刺刀的作用和地位可谓江河日下，但是刺刀完全被淘汰，显然还不可能，在较长的一段时期里，还将是单兵的标准配备。

现代刺刀由刀体和刀柄两部分组成，一般刀长在 20 ~ 30 厘米之间，而且注重多功能性能，能够兼具剪刀、开罐器等功能。同时尺寸进一步缩小，更便于携行。

图 4-21 自动步枪上安装刺刀的特写。

AK47 的中国仿制版 56 式冲锋枪装备部队以后，受到了一致好评，但是在使用过程中，还是暴露了一些缺陷，除了公认的后坐力大、射击准确性差之外，对于东方人来说，更大的问题是太过笨重，就是不带弹匣的空枪都有 4 千克，而且尺寸也比较大，即便是在刺刀折叠的状态下都将近 1 米。这对于东方人的体形，确实是个不小的负担。尤其是对于侦察兵、空降兵、装甲兵和炮兵这些要求枪械尺寸尽量小巧的兵种来说，56 式冲锋枪显然不太合适。

苏联 AK47 家族里有一款折叠枪托型 AKC47，C 就是俄语"折叠"（Складной）的首字母，不过这一型号国际上更多是采用英语名称 AKS47。苏联设计这样一款折叠枪托型，主要就是给空降兵和装甲兵等对枪械尺寸有特殊要求的兵种使用的。

AKS47 的金属折叠枪托借鉴了第二次世界大战中德国 MP40 冲锋枪的折叠枪托样式，所以两者外形上非常相似。折叠枪托的主体是两根金属条加上一个折叠的托肩板，行军时枪托可以折叠在枪身下方，使用时向下翻转打开，将托肩板抵住肩膀进行射击。AKS47 的折叠枪托外表光滑，打开状态时向下倾斜，但倾斜角度不大。

56式的第一种改进型就是仿照AKS47，采用向下折叠金属框架枪托取代了原来的木质枪托，从而大大减轻了全枪的重量，而折叠枪托自然也使得枪身尺寸大为缩小。这种折叠枪托型于1963年定型、量产、装备部队，命名为56-1式，主要装备侦察兵、空降兵、装甲兵和炮兵等兵种。

56-1式的折叠式枪托，由铁把和固定装置组成，铁把部件用撑肩轴连接在机匣上，并且围绕着撑肩轴转动。所以，56-1式被俗称为"56式铁把冲锋枪"。在撑肩轴套管外侧装有撑肩卡笋，撑肩卡笋与按钮用一根圆柱锁连成一体。撑肩卡笋在卡簧的推动下，始终有向外运动的趋向。在铁把部件的左支杆部件上，装有容纳撑肩卡笋上的定位卡笋圆形配合孔。由于左支杆部件上的两个定位孔与撑肩卡笋的作用，将铁把部件可靠地定位在战斗或行军的位置上。在战斗中，铁把部件支杆与枪膛轴线的夹角为10度。而在行军状态，铁把部件支杆则水平地位于机匣两侧。由于改进了枪托，所以，在折叠状态，全枪长度仅为645毫米，在枪托打开状态，枪长也不过848毫米，比木质枪托的56式冲锋枪短了26毫米。重量上，56-1式空枪重3.85千克，比56式轻了0.18千克，看起来重量减轻的幅度并不大，但减轻这么点重量已经很不错了。在其他性能诸如射速、射

图5-1 56式的第一种改进型五六-1式，就是仿照AKS47，采用向下折叠金属框架枪托取代了原来的木质枪托，从而大大减轻了全枪的重量，而折叠枪托自然也使得枪身尺寸大为缩短。这种折叠枪托型于1963年定型开始量产、装备部队。

资料 5-1：56 式和 56-1 式冲锋枪重量和枪长对比

	56 式	**56-1 式**
全枪长	874 毫米（枪刺折叠时）	645 毫米（枪托折叠时）
	1100 毫米（枪刺打开时）	848 毫米（枪托打开时）
全枪重	4.03 千克（不带弹匣）	5.85 千克（不带弹匣）
	6.36 千克（带 30 发弹匣）	6.18 千克（带 30 发弹匣）

程、威力等方面，基本上都和 56 式相同。

必须说明一点，56-1 式在枪托折叠状态，照样可以射击。这样，在紧急情况下，即便来不及打开枪托，也可以立即开火。

在减轻枪重和枪长方面，56-1 式还是比较成功的。但是从折叠状态到打开状态，需要完成按压卡笋按钮、翻转枪托、打开尖托板三个动作，而不是一气呵成，虽然耗费时间并不多，但几秒钟还是需要的。在战场上，生死可能就决定在这几秒钟之间。还有折叠枪托的铁把，人体工程设计有缺陷，抵肩射击时很难完全贴合肩窝，贴腮射击更是非常不舒服。加上铁把与枪身的连接不是很牢固，射击时会产生晃动，影响射击准确性。

图 5-2 采用冲压机匣的 56-1 式。

冬天射击时，金属枪托的触感冰冷，如果贴腮射击会有明显的冻脸感。另外，这种向下翻转的折叠枪托使用时间久了会发生松动，不能牢固定位，从而影响射击的精准度。还有折叠枪托的材质不过关，在连续射击长时间剧烈震动情况下会出现枪托折断。其他部件的材质也有问题，连续射击后枪管容易变形、卡壳，护木会烫手。

因为56-1式出现了以上这些问题，所以军方很快就开始对56-1式进行改进，由于问题主要出在折叠枪托上，所以改进的重点就是枪托。这一工作直到1980年才完成，最终定型命名为56-2式。

56-2式的主要改进点是：将56-1式向下折叠的金属枪托改为向右折叠，而且与56-1式的折叠枪托外形不同，是一种三角形框架，比56-1式的折叠枪托外形更美观。枪托卡笋采用楔铁式，可以自动补偿使用时的磨损间隙，能保证枪托始终牢固与枪身连接，从而确保射击的散布密集度，提高射击准确性。而且，在折叠状态，枪身长度只有654毫米，和56-1式相比，相差很小。这种枪托非常成功，因此之后的81式自动步枪就沿用了56-2式的枪托样式。

此外，56-2式保留了56-1式的刺刀卡座，但不再配用56式最具特色的三棱刺刀，改用匕首式多功能刺刀。还加宽了保险扳机的宽度，增强了防尘效果。护木、握把、枪托护板都采用玻璃钢材质，大大减轻了重

图5-3 1980年才最终定型的56-2式。

量。而且 56-2 式的材质质量比 56-1 式有了明显提升，彻底杜绝了 56-1 式连续射击后枪托会折断、枪管容易变形以及卡壳、护木烫手等问题。

从外形上识别 56-2 式很容易，就是别具特色的三角形框架枪托。

56-2 式的改进比较成功，大大改善了 56-1 式折叠枪托的缺陷，按理说应该大量生产装备部队，但由于紧接着 81 式自动步枪开始大量装备部队，81 式在整体性能上比 56 式系列要先进多了，这样一来 56-2 式就有些生不逢时的味道了。解放军装备 56-2 式的数量非常少，少到可以忽略不计的地步。但是 56-2 式毕竟是一款比较优秀的枪械，就这么湮灭，确实非常可惜，因此就转向外销。由于性能出色，价格低廉，性价比很高，所以 56-2 式很快就在海外市场上一炮而红，成了外贸武器的拳头产品，赢得了很高的声誉。

资料 5-2：替代 56-2 式的 81 式突击步枪

81 式突击步枪是 1979 年开始研制，1981 年设计定型，因此被命名为 81 式。1983 年开始全面量产，并大量装备部队。

早在 81 式开始研制前的 1978 年，解放军高层就已经决定下一代制式步枪将采用小口径的 5.8 毫米，这显然是受到了当时世界上自动步枪小口径化浪潮的影响。

所以，最初 81 式只是作为新一代小口径自动步枪之前的一个过渡，毕竟 56 式是 20 世纪 50 年代的技术水准，已经明显落后于时代了，亟需替换升级，但小口径步枪是新事物，还在探索阶段，可能短时期内难以完成。所以就需要在 56 式和新一代小口径自动步枪之间要有一个临时性的过渡型号，这就是81式研制的初衷。

81式枪长955毫米，枪重3.5千克，仍然采用和56式通用的7.62×39毫米中间威力步枪弹，射速600发/分钟，有效射程400米。由于81式大量采用成熟技术，所以研制周期很短，仅仅两年就定型了。研制时间短，但性能却非常出色，精度高，动作可靠，维护简便，在20世纪80年代的南疆作战中广受好评。

因此，虽然后续出现了87式、95式、03式等多款新型步枪，但81式的总产量超过了100万支，并一直到20世纪90年代才之间退役，而且也不是完全淘汰，武警和边防部队仍然在继续使用。

图5-4 81式作为新一代小口径步枪问世前替代56式的一个过渡枪型，却非常成功。

第一个大量购买 56-2 式的国家是巴基斯坦。经过实战检验，巴基斯坦陆军特种部队对 56-2 式评价相当高，认为这款突击步枪短小轻便，携带方便，但火力凶猛，因此深受巴军欢迎。巴基斯坦既装备有苏联原版的 AK47 系列，也有中国的 56 式、56-1 式冲锋枪，可以说对整个 AK 系列的性能优劣是最有发言权的，巴基斯坦对 56-2 式有如此之高的评价，也说明了 56-2 式确实是一款很成功的枪械。

图 5-5 巴基斯坦对 56-2 式改进堪称"魔改"，就是在标尺座附近的旋钮向上扳，然后把原本的木制护木取下来，再把装上导轨的护木卡上去，最后把旋钮复位就可以了。但这种直接在护木上加装导轨的强度没办法保证，只能安装一些无倍率的瞄准镜或者激光指示器、战术手电等。

　　之后，巴基斯坦还对 56-2 式进行了改装，加装了导轨和垂直握把，以便根据需要灵活加装各种战术配件，如光学瞄准镜、战术手电等。由于 AK 系列在设计上的先天原因，射击时上机匣震动十分剧烈，所以 AK 系列上机匣顶并不适合安装精密的光学瞄准镜，如果一定要安装光学瞄准镜，只能安装在枪身侧面的燕尾槽上。而巴基斯坦对 56-2 式的改进堪称"魔改"，就是在标尺座附近的旋钮向上扳，然后把原本的木制护木取下来，再把装上导轨的护木卡上去，最后把旋钮复位就可以了。但这种直接在护木上加装导轨的强度没办法保证，只能安装一些无倍率的瞄准镜或者激光指示器、战术手电等。

还有一个大量装备 56-2 式的国家是爱沙尼亚。1991 年苏联解体后，爱沙尼亚随即独立，由于国力羸弱，全军轻武器换装很难落实而爱沙尼亚准备加入北约，美国就建议采购中国的 56-2 式冲锋枪，作为爱沙尼亚陆军新一代制式轻武器。一方面 56-2 式性价比高，全军换装的成本是爱沙尼亚所能承受的；另一方面，56-2 式拥有苏式武器的血脉，爱沙尼亚陆军也更为熟悉。经过考察，爱沙尼亚军方对 56-2 式的整体性能非常满意，随即将 56-2 式冲锋枪作为新一代的制式装备，大量采购进行全军换装，并一直使用到现在。

56-2 式的名气不胫而走，多个国家都有采购，包括也门、伊拉克、孟加拉、斯里兰卡和中非。此外一些国际知名的私人保安公司也都很中意这款自动武器，将其作为标配轻武器。甚至 56-2 式在美国民间也有不少人购买。

由于 56-2 式主要面向外销市场，直白点说就是用来赚外汇的，所以

图 5-6 56-2 式冲锋枪已经成了世界上同类轻武器中的佼佼者，成为"墙内开花墙外香"的典型。

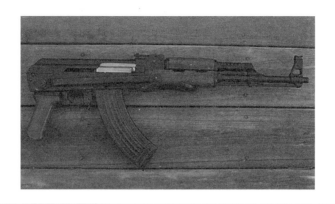

图 5-7 枪托折叠状态的 56-2 式。

有时候就得根据客户要求进行改装。例如，56-2 式有一种非常具有代表性的战术改进型，就是在 56-2 基本型的基础上，增加了战术模组，可以方便地加装包括 40 毫米榴弹发射器、全息式瞄准镜、战术手电等在内的战术附件，还采用了 45 发长弹匣，使得整体性能有了进一步提升，成为外贸型的主打产品。

可见，56-2 式冲锋枪已经成为世界上同类轻武器中的佼佼者，成为"墙内开花墙外香"的典型。

尽管 56-2 式在整个 AK47 系列中算是性能比较出色的，但问世时间

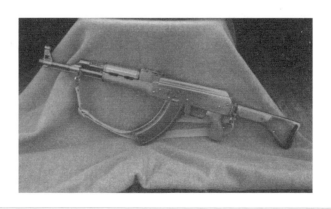

图 5-8 枪托打开状态的 56-2 式。

太晚了，终究已经落后于时代了。即便进行了一些改进，一定程度上也提升了性能，依然无法彻底改变已经落后于时代这个残酷的现实，因此在 20 世纪 90 年代又推出了 56 式的第三代 QBZ59C 式（简称 56C 式短步枪）。QBZ 是汉语拼音"枪 - 步 - 自动"的首字母，也就是自动步枪的拼音代码，56 式叫了 40 多年的冲锋枪，直到这时才算是正名了，真正明确是自动步枪。

　　研制 56C 式的灵感来自 20 世纪 80 年代对越自卫反击战的后期，解放军缴获了越军装备的苏制 AKS74U 突击步枪，AKS74U 主要装备特种部队、空降兵、工兵、通信兵、炮兵、汽车兵，主要改进之处就是进行了大幅度的缩短枪身和减重设计。木质枪托的 AK74 枪身长度为 943 毫米，

图 5-9 各种型号的 56-2 式从上到下依次是：56-2 基本型、56-2 折叠枪托型、56-2 卡宾型、56-3 式、56-2 轻机枪型。

重量 3.3 千克，即便改为折叠枪托，长度也有 690 毫米，重量 3 千克。而 AKS74U 折叠枪托收起状态枪身长度只有 490 毫米，重量只有 3 千克。所以一些解放军官兵对小巧轻便的 AKS74U 赞不绝口。于是就有了研制 56 式短枪管型号的想法。

56-1 式和 56-2 式主要是通过改变枪托的样式来缩短全枪的长度，56C 式继续在长度上做减法，机匣比 56 式缩短了 21 毫米，枪管长度也比标准型的 56 式冲锋枪缩短了 135 毫米，只有 279 毫米，这就是典型的短枪管，也就是卡宾枪，这也是解放军第一种制式的短枪管自动步枪。枪托虽然基本上沿用了 56-2 式的样式，但长度缩短了 15 毫米，这样一来，56C 式的全枪长只有 764 毫米，枪托折叠状态全枪长度仅有 557 毫米。

和 56-1 式、56-2 式只注重缩短全枪长度不同，56C 式除了缩短全枪长度，也在减重方面下了功夫。虽然还是采用冲压工艺生产，但从机匣到折叠式枪托，使用的是强度更高的 1.2 毫米钢板，而不是原来 56 式系列冲锋枪的 1.5 毫米钢板。加上枪管缩短以后，下护木也相应缩短了，整枪

图 5-10 20 世纪 90 年代推出了 56 式的第三代 QBZ59C 式（简称 56C 式短步枪）。QBZ 是汉语拼音"枪－步－自动"的首字母，也就是自动步枪的拼音代码，56 式叫了 40 多年的冲锋枪，直到这时才算是正名了，才真正明确是自动步枪。

重量自然有所降低。再将木质护木、握把都换成更轻的工程塑料，将机匣和枪托的金属材料减重，甚至连枪管外径尺寸都减小了，进一步减轻了重量。最终56C式在空枪状态下，重量仅有2.85千克，比苏制AKS74U突击步枪还轻0.15千克，比起56-2式重达3.9千克，更是轻了不少。此外，为了强化减重，还专门为56C式研制了20发弹匣。当然，也可以通用原来56式系列冲锋枪的30发弹匣。

由于枪管长度缩短到279毫米后，子弹出膛时燃气来不及充分燃烧，不仅枪口初速下降，而且出现了比较明显的枪口焰，对射击和瞄准有不小影响。为了解决这个问题，56C式增加了一个组合式消焰器。这个组合式消焰器由两部分组成：靠近枪口的部分是一个膨胀室，用于让子弹的发射药进行更充分地燃烧，膨胀室的另一端则是一个小型鸟笼式消焰器，进一步削弱枪口的焰火。但是使用了这个组合式消焰器之后，56C式无法使用刺刀。不过，56C式本来就是短管卡宾枪，配刺刀的需求并不是太强。

56C式从1988年开始研制，1991年定型，1992年开始量产装备部队。这个时间，前有81式，后有95式两种量产型自动步枪，是个非常尴

图5-11 由于56C式枪管长度缩短到279毫米后，子弹出膛时燃气来不及充分燃烧，不仅枪口初速下降，而且出现了比较明显的枪口焰，对射击和瞄准有不小影响。为了解决这个问题，56C式增加了一个组合式消焰器。

尬的阶段。56C式从研制之初就不是考虑装备陆军的，而是主要装备高原地区的边防部队和海军，因此在设计上特别强调缩短长度和减轻重量，以适应高原边防部队和海军的需求。

因为从一开始就考虑要提供给海军使用，所以56C式大量使用了防侵蚀处理，枪支内部零部件进行了镀铬处理，枪支外部则使用磷酸盐涂层，取代了原本56式系列冲锋枪的发蓝工艺。同时，56C式大量采用了工程塑料，为了减轻重量和提高防锈蚀、耐磨性，在金属表面全部进行了黑包磷化处理工艺，因此，使得全枪的外形非常漂亮酷炫。

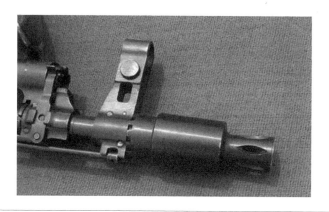

图5-12 56C式的枪口特写。

因为大量采用了新工艺和新材料，56C式的成本上涨了不少，单价达到了300美元。而56式冲锋枪的成本才100美元，因此56C式也就成了中国版56式家族中最贵的一款。

中国海军潜艇部队最早装备56C式，接着海军水面舰艇、海军陆战队、高原边防部队以及武警部队都陆续装备，武警装备的56C式一直服役到21世纪10年代。

56C式在缩短和减重方面做得比较成功，但尺有所长必有所短，由于

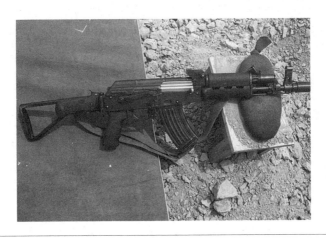

图 5-13 56C 式的金属表面处理。

枪管大大缩短，对枪械整体性能有所影响。尤其是由于枪管长度缩短，瞄准基线也相应缩短了，对瞄准射击不利。56C 式的表尺只有 0、1、2 三档，分别对应 100 米、200 米和 300 米。这也就意味着 56C 式设计之初就是作为 300 米以内近距离作战武器的。

同时短枪管导致子弹出膛时燃气还没有充分燃烧，造成枪口部位烟、焰都很大，膛口压力高，枪口噪声特别大，为了解决短枪管带来的枪口噪声、枪口火焰和后坐力增大等问题，设计了同时兼具消声、消焰和制退作用的膛口消焰器，但消声、消焰的作用并不明显。如果在狭小密闭的空间射击，枪声会非常响，会对枪手听力造成损害，所以海军有一条不成文的规定，千万不要在船舱里使用 56C 式射击。

另外，56C 式的战术拓展能力几乎为零，这不能全怪 56C 式，整个 56 式系列冲锋枪的战术拓展能力都很差，毕竟是 1947 年定型的，当时根本不会考虑到这些，而 56C 式又是主要装备海军的，设计之初主要是作为舰艇上的单兵自卫武器，所以在战术拓展能力上就没有过多考虑。

56 式冲锋枪除了 56-1、56-2 和 56C 这三种主要的改进型号外，还在

图 5-14 水兵正在舰艇甲板上使用 56C 式进行射击训练。

这些子型号的基础上出现了进一步改进的衍生型号。

例如在 56-1 式的基础上就有 56-1A 式、56-1G 式。

56-1A 式是重庆岷山 5206 兵工厂生产的外贸型号，专门针对美国民用枪械市场，生产总数仅有 2000 支。56-1A 式与国产 56-1 式的区别主要有两点：第一是只有半自动射击功能，而没有全自动射击功能，这是因为

图 5-15 手持 56C 守卫在潜艇边的海军士兵。

图 5-16 武警使用 56C 式进行跪姿射击，枪口、枪机、枪托的细节都清晰可见。

图 5-17 行军状态枪托折叠的 56C 式。

美国法律规定，民用步枪不得拥有全自动射击功能；第二是机匣上的钢印不同，所以区分还是很容易的。

这是在 20 世纪 80 年代，中美之间曾经有过一段蜜月期，当时双方的贸易氛围比较宽松，美国又是全球最大的枪械市场，国内兵工厂为了在美国市场争取更多订单，特别研制出 56-1A 式这样专门针对美国市场的外贸版。

但是随着 1994 年以后中美之间武器禁运，这批 56-1A 式几乎成了绝响，加上原本数量就少，所以即便在美国市场上也不常见。物以稀为贵，使得 56-1A 式成为现代枪械中的一款限量版收藏品，价格也就水涨船高，目前在美国市场上单价都要 3000 美元。这个价格在美国算是相当高的，作为参照，美国世纪武器公司生产的 VSKA（就是美国版的 AK47）售价只有 799.99 美元，56-1A 的价格相当于 VSKA 的 3.75 倍！

56-1G 式是在 56-1 式冲锋枪基础上进行"魔改"而成的外贸型号。针对亚非拉许多国家大量使用 AK47、AKM、56 式以及 56-1 式冲锋枪，既可以通用 M43 式和 56 式 7.62×39 毫米中间威力步枪弹，又采用了

图 5-18 56-1A 式是重庆岷山 5206 兵工厂生产的外贸型号。

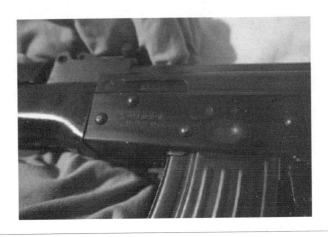

图 5-19 56-1A 机匣上钢印特写。

新材料、新工艺，减轻全枪重量，提升整体技战术性能，具有很大的吸引力。

56-1G 式最大的改进就是将 56-1 式的钢丝扣折叠式金属枪托，改为了 56-2 式的三角框架可伸缩式枪托，由聚合物材质制造，不但重量大为减轻，而且人体工程更佳，抵肩\贴腮射击时更为舒适，枪托长度还能根据射手臂长进行调整。枪托接口与美国 AR 系列自动步枪的枪托通用，可以根据不同的需求选择不同的枪托。

56-1G 式在不改变 56-1 式基本结构和特性的前提下，对上下护木、握把等进行了升级改进。56-1 式的上下护木都是木材制成，56-1G 式则改为铝合金。上护木顶部设有皮卡汀尼导轨，下护木底部及左右两侧也都设有皮卡汀尼导轨。左右两侧的导轨可安装激光指示器、战术手电等附件，底部导轨可安装小握把、两脚架等附件，极大地拓展了 56-1G 式冲锋枪的战术性能。另外，上下护木均采用镂空设计，有利于散热及减轻重量。

56 式系列冲锋枪的握把都是由木材制成，结构简单，而 56-1G 式的小握把则是由聚合物制成，握把前部设计了手指定位的凸起，并对握把外

图 5-20 56-1G 式在不改变 56-1 式基本结构和特性的前提下，对上下护木、握把等进行了升级改进。

形进行全新造型设计，更为美观时尚，握持更舒适。

56 式系列冲锋枪的上下护木、握把及木质固定枪托都是暗红色，机匣、枪管、弹匣等都是黑色，因此 56 式系列冲锋枪是暗红色与黑色搭配，从色调上有些偏暖色。而 56-1G 式冲锋枪的上下护木、枪托以及握把全都都是黑色，与黑色机匣、枪管、弹匣的颜色一致，整体为冷色调，更契合枪械作为武器的那种冷酷属性。

56 式系列冲锋枪的机匣盖比较薄，机匣盖与机匣是非刚性连接，射击时机匣盖会发生振动，因此不能直接在机匣盖上加装光学瞄准镜。为了解决加装光学瞄准镜的问题，56-1G 式增加了一套带皮卡汀尼导轨的瞄准镜支架。瞄准镜支架整体为 L 形，皮卡汀尼导轨设在 L 形短臂顶部，L 形

图 5-21 56 式的护木特写。

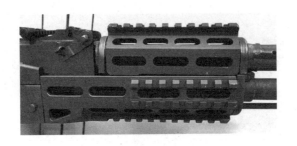

图 5-22 56-1G 式的护木特写。

长臂安装在机匣左侧，安装完成后皮卡汀尼导轨位于机匣正上方，可以根据作战任务的不同在瞄准镜支架上安装白光、全息、红点等各种瞄准镜，也可以与护木上的皮卡汀尼导轨配合串联安装光学瞄准镜及微光图像增强仪，以满足全天候作战需求。同时，安装到位后，瞄准镜支架的 L 形短臂与机匣盖有一定的距离，不会影响枪械的分解结合，即对枪支维护保养时不必拆卸瞄准镜，从而减少了重复拆装瞄准镜对射击精度的影响。

　　由于 56-1G 式通过加装皮卡汀尼战术导轨，能加装多种瞄准镜、激

图 5-23 56-1G 式的握把特写。

光指示器、战术手电等附件，整枪性能比 56-1 式有了很大提高，同时又保留了 56-1 式的其他优点，尤其是价格低廉，性价比高，在海外轻武器市场上很有竞争力。

图 5-24 56-1G 式的机匣左侧瞄准镜支架。

56 式系列除了 56-1 式、56-2 式和 56C 式三种主要的改进型号，还有一种采用无托结构的 86 式。这也是中国第一种无托结构步枪。由于 20 世纪 80 年代，世界枪械界兴起了一股无托步枪的潮流，好几个国家都推出了无托步枪。在这种大背景之下，针对海外民用轻武器市场的需求，同时也对无托步枪进行尝试和摸索，北方工业公司就在 56 式冲锋枪的基础上改进研制出了 86 式步枪。

从外形看，86 式就像是一款全新的步枪，其实 86 式的内部结构和 56 式基本相同，唯一的改动是将拉机柄移到了机匣顶部，以便左右手都能进行射击。枪管前端有一个可折叠前握把，用来降低枪口上跳，卧姿射击时还可以作为脚架来支撑枪身，提高射击稳定性。机匣后下方有一个形似折叠金属枪托的斜撑，可以用于抵肩射击，必要时也可打开斜撑，作枪托用。

和 56 式冲锋枪最大的不同就是去掉了枪托，在保证枪管长度不变的情况下，全枪长度比 56 式缩短了 25%。86 式枪管和 56 式一样都是 415 毫米，但是 86 式的全枪长才 663 毫米，比 56 式缩短了 211 毫米。这也是无托步枪最大的优点，尺寸更紧凑。所以 86 式的外观非常粗短。另外在机匣上部增加了提把，携行更为方便。同时将瞄准具布置在提把上，更便于瞄准射击。提把上还有导轨，可以很方便地加装光学瞄准具等战术附件。

图 5-25 56 式系列还有一种采用无托结构的 86 式。这也是中国第一种无托结构步枪。

枪口设有刺刀座，必要时可以安上刺刀，配用的刺刀是匕首形多功能刺刀。弹匣兼容性很强，30 发弧形弹匣、20 发直弹匣以及 15 发、10 发甚至 5 发短弹匣都可以通用。这是因为有些国家对民用步枪弹匣容量有限制，所以才会有 5 发、10 发这样的小容量弹匣。

尽管 86 式采用和 56 式系列一样的 7.62×39 毫米中间威力步枪弹，但是为了适应美国民用枪市场的要求，美国法律规定民用步枪不得具备全自动射击功能，因此 86 式取消了全自动射击，只有半自动射击功能。所以 86 式既不是突击步枪，也不是全自动步枪，而只是半自动步枪。

86 式的缺陷是：第一，由于拉机柄位于机匣上方，保险位置在枪身右侧扳机护圈上方，如果握着握把的右手操作保险就够不着了，如果用左

图 5-26 装上刺刀的 86 式。

手操作又很不方便。第二个缺陷是枪身横向尺寸太大，这也是无托结构的共性问题，卧姿射击时候射手会很难受。

因为是 1986 年定型的，所以命名为 86 式，主要用于外销，没有装备解放军。由于 1994 年开始美国禁止进口中国武器，所以总产量还不到 3000 支。正是因为数量少，所以现在美国枪械市场上，86 式已经成为限量版的收藏品，单价基本上都在 5000 美元以上，可谓价格不菲。

虽然 86 式产量很少，作为一款面向海外市场的外销枪械，显然不能

图 5-27 86 式（上）和 AK47（下）的对比。

口径：7.62 毫米

全枪长：663 毫米

全枪重：3.75 千克

枪管长：415 毫米

枪身宽：49 毫米

膛线：4 条，右旋，缠距 240 毫米

枪口初速：710 米 / 秒

枪口动能：2000 焦耳

理论射速：600 发 / 分钟

发射枪弹：7.62×39 毫米 56 式中间威力步枪弹

弹匣容量：20 发

表尺射程：800 米

图 5-28 86 式自动步枪，基于 56 式改进发展而成的无托步枪。

有效射程：400 米

最大杀伤力射程：1500 米

说成功，但是作为第一种国产的量产无托步枪，无疑有着积极的探索作用，对于之后解放军新一代制式步枪、同样采用无托结构的 95 式有着重要的借鉴意义。

56 式系列从 20 世纪 80 年代起逐渐被 81 式、95 式突击步枪所取代，退出了一线部队，但在武警及民兵部队中还有少量装备。

除了装备中国军队外，被称为"中国 AK"的 56 式系列也大量出口到其他国家。据说 56 式系列的数量比苏联原产的 AK 系列还要多。在很多第三世界国家，56 式因为价格更便宜而大受欢迎，在军队以及警察等执法单位大量装备。这些装备 56 式系列的国家，不仅仅是由中国提供或从中国购买，阿尔巴尼亚、伊朗、苏丹、孟加拉等国家还有授权制造或者自行仿制。

在冷战期间，56 式曾经出口到多个国家，在东南亚、中东和非洲等地的武装冲突中都有使用。越南战争时期，中国就曾向北越正规军和南越游击队提供了大量 56 式系列步枪。作为对手的美军发现，56 式系列在战场上比苏联制的 AK 系列还要普遍。

两伊战争期间，伊朗曾向中国购买了包括 56 式系列在内的大量武器，因此 56 式系列成为伊朗军队的主要轻武器之一。同时，伊拉克也购买了 56 式，但数量不多，因此出现交战双方都使用 56 式的情况。

在苏军入侵阿富汗战争期间，中国、巴基斯坦都曾向抵抗组织提供过 56 式系列自动步枪，是抵抗运动非常受欢迎的轻武器，在抗击苏军入侵的作战中发挥过不小作用。这些 56 式在苏军撤军以后的阿富汗内战中也曾大量使用，塔利班在 1996 年控制全国政权后更是将 56 式作为制式步枪。2001 年阿富汗战争，塔利班政权被推翻后，新成立的阿富汗国民军和阿富汗国家警察也是以 56 式和其他国家生产的 AK 系列自动步枪作为主要轻武器装备。

20 世纪 80 年代中期，斯里兰卡开始以 56-2 式取代原来装备的英国 L1A1 半自动步枪和德国 HK G3 自动步枪。目前 56-2 式依然是斯里兰卡军队和警察的主力制式步枪。

冷战结束后，56 式仍然在世界各地的武装冲突中被广泛使用。在克罗地亚战争期间，56 式就是克罗地亚武装部队的制式装备。在 20 世纪 90 年代后期，科索沃解放军的主要轻武器就是 56 式系列，其中有不少是当年曾经接受中国援助的阿尔巴尼亚提供的，使用年限都已经快 30 年了，依然性能可靠。

图 5-29 使用 56-2 的伊拉克军人。

图 5-30 孟加拉海军水兵使用 56-2 进行射击训练。

在英美等西方国家，56式及其衍生型被广泛地用在影视剧拍摄中，主要是替代相对更难以获得的苏联或俄罗斯生产的 AK 系列自动步枪，因此经常会被改装成苏式 AK 系列的外观。此外，56 式的半自动外销型在美国大部分州都可以合法购买。但自 1994 年的"联邦突击武器禁令"通过后，美国政府已全面禁止平民及国内的枪械供应商进口中国制造的武器。所以现在美国市面上中国生产的外销版 56 式绝大部分都是 1994 年前进口的。除了个人爱好者，美国军方也装备了少量 56 式，例如美国海军著名的特种部队"海豹突击队"就使用 56-2 式作为训练之用。

胸挂式和人体契合度较高，在做匍匐、翻滚这些低姿态战术动作时影响很小。而且 56 式弹匣袋最人性化的设计是可调节交叉背带和腰部绑带，这样就使得 56 式弹匣袋通过调整背带能够与各种体型都高度适配。封口采用木制扣袢，弹匣袋的材质是加厚帆布，因此非常结实耐磨，而且成本低廉。最重要的一点，就是取用弹匣非常方便，无论是在什么姿势，打开袋口取用、装入弹匣，都很方便。

MAK-90运动步枪：56式的半自动民用型，改装运动步枪枪托及握把、取消枪口装置，有7.62毫米和5.56毫米两种口径。

AK103仿制型：在56式冲压机匣型基础上配备AK103样式的枪口制退器、向左折叠式枪托和黑色合成材料弹匣。主要用于出口，在中国比较罕见。

KL-7.62自动步枪：56式的伊朗仿制型，由DIO工厂生产。

MAZ自动步枪：56式的苏丹仿制型，由MIC工厂生产。

56式的孟加拉授权版本：由BOF工厂生产。

ASH-78自动步枪：56式的阿尔巴尼亚仿制型，有三个子型号，分别是配备三棱刺刀的标准型ASH-78-1型、类似RPK采用重型枪管的自动步枪型ASH-78-2型、可以发射枪榴弹的加强火力型ASH-78-3型。

ASH-82自动步枪：56-1式的阿尔巴尼亚仿制型。

说到56式系列枪族，除了各种改进型、衍生型的枪械之外，还有一样东西也是必须要说的。这就是56式的弹匣袋。

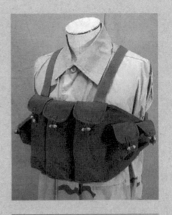

图5-31 式样大方简朴的56式弹匣袋。

图5-32 56式弹匣袋由于采用的是胸挂式，所以也被称之为"胸包"。

所谓弹匣袋，其实就是用来装弹匣的携行具，而56式弹匣袋看起来就是几块帆布简单缝制而成，怎么会风靡全世界？甚至被誉为世界上最先进的弹药携行具呢？连美国、苏联这样的军事强国都要相继仿制？

56式弹匣袋采用厚帆布材料缝制而成，使用的扣袢是木质的，中间设置有深度18厘米左右的3个弹匣插袋，可以很轻松放进7.62×39毫米、5.45×39毫米、9×39毫米等多种规格的弹匣；两侧设置有2个附件袋，一般用来放曳光弹或者木柄手榴弹；最右侧是防水布缝制的油壶袋；左侧的小袋用来放置清理、维护枪械的工具，并且加有环套防止其掉落。

56式弹匣袋与当时美苏等国家弹匣袋的携带方式完全不同，当时美苏的弹匣袋都是腰挎式，56式则是截然不同的胸挂式。虽然说这看起来就是一个携带方式不同，但是最终呈现出来的效果却有着天壤之别。

腰挎式携带方法，其实源自第二次世界大战期间常见的冲锋枪携带方式，配合武装带加以固定，但是这种携带方式并不牢固，最重要的是，在作战时根本无法与士兵的身体契合固定，在运动过程中很容易走位，等到要换弹匣的时候往往很不方便。

解放军一开始也是采用腰挎式携行具，但是部队使用后普遍反映，跑动时晃动很大，和人体碰撞时产生的响声很大，容易暴露，尤其是在匍匐前进时挂件外移，对作战行动影响很大。

因此，最终就决定采用胸挂式弹药携行具来解决这样问题。就这样，56式弹匣袋应运而生。由于采用的是胸挂式，所以也被称为"胸包"。

总体而言，56式弹匣袋的特点就是简单便捷，不仅符合人体工程学设计，还能对人体的心肺重要部位起到一定的防护作用。

美军在越南战场上从越军手中缴获了大量的56式弹匣袋，立即发现了56式弹匣袋的长处，不但大量使用缴获的战利品，还进行仿制。此后甚至根据56式弹匣袋的设计，开发出了LBV作战携具。

苏联对于56式弹匣袋更是偏爱有加，因为56式弹匣袋本来就是苏式武器的外围产品，与苏式装备简单皮实的特点非常合拍，所以后来在阿富汗战场上，苏军就很嫌弃自己的制式弹匣袋，逐渐开始装备仿制的56式弹匣袋。苏军还在使用过程中发现56式弹匣袋浸水后能够塞进两个弹匣。

56式弹匣袋由于美苏的仿制和使用，迅速风靡全球，也成了56式系列的一款爆红的外围产品，与枪械本身相得益彰。

资料5-5：一个士兵在战场上要带多少子弹？

步枪的杀伤力是靠子弹来实现的，如果子弹打完了，那么再先进的步枪，都和烧火棍无异了。在战争中弹药和食物一样，是每个士兵在作战时最重要的补给物资。不过每个人的体力有限，不可能无限量携带，那么携带多少好呢？

以第二次世界大战中的日本陆军步枪手为例，每个日本兵武装带前腰左右有两个子弹盒，各装30发子弹，后腰一个大子弹盒装60发子弹，总共120发，这个弹药携带量是很高的，是当时德军步枪手弹药携带量的两倍。但是这120发子弹并不是都是自己用的，后腰子弹盒的60发是为机枪手携带，只不过军官在特殊情况下，并得到军官批准才可以使用。步枪兵在没有军官许可时，绝对不允许自己取用后腰子弹盒中的子弹！

不过，当时日本陆军装备的大正十一式轻机枪，也就是在中国被俗称为歪把子机枪，在设计时，就有与三八式步枪通用

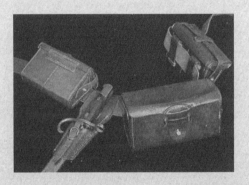

图5-33 每个日本兵武装带前腰左右有两个子弹盒，各装30发子弹，后腰一个大子弹盒装60发子弹，总共120发。

弹药的理想，可是日本当时工业材料和工艺都无法解决机枪速射产生的高温，对机枪的苛刻要求。歪把子在使用三八步枪一样的子弹射击后，高温会使枪管短时间内烧红发软下垂，让机枪报废，也会引发弹斗中子弹发射药爆炸，没有别的解决方案，只得另外开发一种减威力弹。通过减少子弹发射药量，减少单发子弹发射产生的热量，来提高机枪作战时间，因此实际上歪把子机枪和三八步枪子弹是不通用的。

日本士兵后腰的大子弹盒，装的60发就是这种减威力机枪弹。而前腰两个子弹盒，左边子弹盒里30发也是这种减威力子弹，所以对日军士兵的要求，右边子弹孩的30发子弹，是用来远距离射击战，左边子弹盒的30发子弹，则用来近距离射击。

所以，日军步枪手真正的携弹量其实只有60发，这也是20世纪40年代手动步枪标准的单兵携弹量。

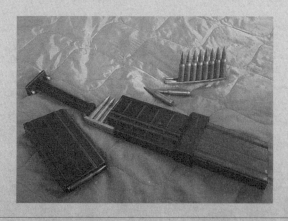

图5-34 突击步枪射速比手动步枪大大提升，弹药消耗也水涨船高。

第一次世界大战之后，陆军作战基本单位，都是围绕机枪进行，所以要优先保证机枪弹药，日军战术条例，就是利用这种方法，来保障机枪弹药供给的，因此日本士兵就调侃自己是"代畜卒"。

而同时代的德军、美军，有着机械化，摩托化的后勤保障，军官更看重的是士兵在战场上的体力保持状况，子弹随时可以到后勤车辆那里去补充，身后随时随地可以补充，那么正常情况下，士兵只要带上能保障一次战斗弹药即可。栓动步枪时代，60发子弹，足以应付大多数情况下一场战斗所需，不至于打到没子弹，后面还来不及补充新弹药的地步。

当以AK47为代表的突击步枪问世以后，射速比手动步枪大大提升，达到了每分钟600发，在战斗中弹药的消耗速度也

图5-35 AK47配用的最经典的弯弹匣，弹容量30发。

水涨船高，特别是没有战斗经验的新兵，一扣扳机，短短几秒钟，一个弹匣就打完了。这样手动步枪常规的60发携弹量，只够AK47在连发自动射击6秒钟！因此，60发携弹量对于突击步枪来说，显然太少了。

但是AK47配用的30发弹匣重量就达2.26千克，还是比较重的，多带弹匣也不现实。所以，56式胸挂弹匣袋也就撞3个弹匣，加上步枪上的1个弹匣，总共4个弹匣120发子弹。

120发子弹虽然说起来在连发自动射击时，也不过只够12秒。但是再多带弹匣，单兵负荷就很沉重了。所以，突击步枪的携弹量通常就是120发子弹。这是经过各方面综合考量之后相对比较科学合理的数量。当然这也不是绝对的，在一些特殊情况，例如深入敌后难以得到后勤补给的特种行动，就可能会多带弹药。

图5-36 带多少子弹确实是一个两难的问题，带少了不够用了，带多了负荷又太重，体力消耗大，影响战术动作发挥。

应该说，如果遇到比较激烈的战斗，120发子弹肯定是不够用的，这就要求士兵要有弹药控制的意识。当然，在战斗激烈的情况下，这样的要求或许有些苛刻了。所以，枪械本身所具备的空仓挂机功能就显得有位重要了。这可以在战斗中提醒枪手，枪膛中的子弹已经打完了，要换弹匣了。很可惜，AK47没有空仓挂机功能，这也是AK47被诟病的一个缺陷。

第六章

AK47的优化改进型AKM

AK47问世之后，由于结构简单、便于生产和维护、皮实耐用、使用可靠等特点，大受好评，但同时在使用中也发现了后坐力大导致射击准确性较低、枪身重量较大比较笨重等缺陷，因此，AK47的设计师卡拉什尼科夫从1953年开始对AK47进行改进。

1955年，苏联国防部提出了新型轻武器发展计划，要求研制使用7.62×39毫米中间威力子弹的新型突击步枪和班用轻机枪。卡拉什尼科夫与科罗博夫、康斯坦丁诺夫三名设计师的作品参加了新型枪族的竞争。

从1956年到1958年，经过多轮试验对比，最终，评审委员会认为卡拉什尼科夫基于AK47改进而来的新型突击步枪比另外两位竞争对手的新枪更成熟，而且部队使用和军工生产也都更为熟悉，所以，1959年4月8日，苏联国防部正式确定卡拉什尼科夫的AKM突击步枪和RPK轻机枪为新一代的制式轻武器。

改进型的突击步枪被命名为AKM，这是俄语"卡拉什尼科夫自动步枪改进型"（Автомат Калашникова модернизирован）的首字母缩写。从这个型号来看，重点就是改进，所以AKM其实就是AK47的优化改进型。

图 6-1 1959 年 4 月定型的 AKM，就是 AK47 的优化改进型。

AKM 主要的改进之处有以下几方面：

第一，减轻重量，主要通过大量采用冲压件，并将 AK47 生产上的铆接工艺改为焊接工艺，如枪管节套和尾座就采用点焊技术，直接焊接在 1 毫米厚的 U 形机匣上，机框－枪机导轨也是改为冲压件并点焊在机匣内壁上弹匣材质改用重量更轻的合金材料，AK47 原来的钢质弹匣还是可以通用，后期的 AKM 还采用了一种玻璃纤维塑料压模成型的弹匣，重量就更轻了。此外，枪托、护木和握把也都改为重量比较轻的树脂合成材料。采取了这些改进措施后，使得 AKM 的重量比 AK47 轻了大约 1 千克。因

图 6-2 AKM 突击步枪的机匣特写。

此，减轻重量的改进还是很成功的。

　　第二，枪机和枪机框表面都经过了磷化处理，活塞筒前端有四个半圆形缺口，恰好与导气箍的缺口配合机匣两侧各有一个很小的弹匣定位槽，机匣盖上增加了加强筋。

图 6–3 AKM 在生产中大量采用铆接工艺。

图 6–4 AKM 突击步枪，请注意护木和握把的细节。

图 6–5 AKM 抛壳窗下的铆钉为二个在上以个在下，机匣盖有加强筋补充。

第三，击锤增加了一个由五个零件组成的击锤延迟装置，位于扳机附近。这是一种棘轮式样的组件，有了这个延迟装置，可以使击锤的下落延迟几毫秒。

对于这个延迟装置的作用，有些资料认为是用来降低射速的，但是AKM的射速相比AK47并没有降低，所以还有一些资料认为主要是用来减少哑火率的。而苏联的官方资料和AKM使用手册的说法是，这个延迟装置的作用是提高射击精度。而且从AKM开始，以后所有的AK系列突击步枪都沿用了击锤延迟装置，只有AKS74U例外，但AKS74U哑火的几率也不高，而且AKS74U的射速甚至比AK74都要高。所以这个延迟装置是用来降低哑火率的说法，显然不太合理。另外，AKM减少了活塞筒上的导气孔，因此开锁时的气体压力会比较大。所以，也许击锤延迟装置真正的作用就是降低射速。另一方面，AK系列突击步枪的枪机框尾部离枪机尾部距离都比较大，机框反跳的距离只要不超过自由行程和这个尾端面的距离差，就不可能出现早开锁、早击发、哑火之类的问题，所以这个击锤延迟装置的正解就应该是个"减速器"。

图6-6 AKM延迟器的特写，这个延迟器其实就是起"减速器"的作用。

此外，一些枪械专家对 AK47 和 AKM 进行了大量实弹射击对比试验，并使用高速照相机拍摄了射击瞬间，以此来分析枪机工作件在射击时的运动情况，结果发现 AK47 的枪机框在闭锁复进到位后，经常会出现两到三次的轻微回跳，这种轻微回跳会导致击发时击锤首先击打在枪机框后部，然后才打到击针，这样就会使打击底火的力量大大减小。这对于需要一定击发强度的底火来说，就有可能出现哑火现象。为了从根本上消除因为这种原因出现的哑火可能性，AKM 就设计了这套带有击锤延迟装置的击发组件。这个延迟装置在击发时能使击锤延迟几毫秒向前运动，以保证枪机框在前方完全停止后再打击击针，这样足以消除因为轻微击打底火力量不够而导致哑火的可能性。这也是 AKM 即使在使用一些底火已经生锈的子弹时，仍然能够顺利射击而不哑火的原因之一。显然，这个延迟装置是 AKM 可靠性提高的主要原因。

经过这些改进，AKM 比 AK47 重量减轻了，可靠性也有了提升。

AKM 基本型在 1959 年开始量产装备部队，但卡拉什尼科夫的改进并没有就此停步，他在 AKM 的基础上继续改进，很快又推出了 AKM–II 型。

相对于 AK 基本型，AKM–II 型最主要的改进是重新采用了冲压钢制机匣，不过 AKM 的冲压机匣在细节上与 AK47 早期型号的冲压机匣还是

图 6–7 AKM 基本型。

口径：7.62 毫米

全枪长：1020 毫米（带刺刀）

880 毫米（不带刺刀，带枪口防跳器）

全枪重：3.15 千克（不带弹匣，带刺刀）

枪管长：415 毫米

膛线：4 条，右旋，缠距 240 毫米

瞄准基线：378 毫米

枪口初速：710 米 / 秒

枪口动能：1980 焦耳

理论射速：600 发 / 分钟

发射枪弹：7.62×39 毫米 M43 型中间威力步枪弹

弹匣容量：30 发

表尺射程：1000 米

有效射程：300 米

最大杀伤力射程：1500 米

有所不同的。不但生产更为简便，重量也更轻。

区别 AKM 和 AK47 的机匣也很简单，AKM 的机匣上面没有铣削槽，机匣顶部的机匣盖比较薄，所以使用了横向和纵向分布的加强筋来提高强度，还有就是分别在枪管和枪托与机匣的连接处采用铆钉固定。这些外形上的区别，仔细看还是很容易分辨的。

其次的改进是增加了表尺射程，从 AK47 的 800 米增加到 1000 米，从 200 米到 1000 米，每 200 米一个分划，同时在柱形准星和 U 形缺口照门都有可以翻转的附件，内装荧光材料镭 221，便于夜间瞄准。

不过增加表尺射程的改进，与 AK47 的设计初衷却是相反的。突击步

图 6-8 AKM 的表尺特写。

枪就是填补冲锋枪和机枪之间，在三四百米距离上的自动武器空白，突击步枪强调的不是远距离的射程，而是在三四百米距离上的火力密度和精度。而且以 AKM 的射击精度，要准确命中 1000 米处人体大小的目标，基本上就全靠运气了。所以表尺增加到 1000 米，就显得毫无意义了。

另外，护木上增加了手指槽，便于射手在连发射击时更容易控制。所有木制部件也都改为层压木材制成，而不是 AK47 使用的硬木。

最后增加了一个刺刀凸耳，并配用了新的多功能刺刀——II 型刺刀。

此后，卡拉什尼科夫又在 AKM-II 型基础上继续改进，设计出了

AKM Ⅲ型。

AKM–Ⅲ型主要的改进有两点，一是增加了一个斜切口形的枪口防跳器，螺旋固定在枪口上，主要作用是抑制枪口上跳，以提高连发射击时的精度，这样一来全枪长度相应增加到了880毫米。连发射击时，枪口上跳现象严重，这几乎是AK系列突击步枪的顽疾，对射击精度影响很大，即便增加了枪口防跳器，也只能是改善一下枪口上跳，还是无法根除枪口上跳现象。

图6-9 AKM–Ⅱ型左右视图。

和AK47的情况一样，AKM–Ⅲ型作为AKM的终极型号，生产数量最大，被苏联和华约国家大量装备，所以很多人都误以为AKM就是AKM–Ⅲ型，所有的AKM都是带有有斜切口枪口防跳器的。实际上AKM基本型和AKM–Ⅱ型都没有这种枪口防跳器。

第二个改进是采用了全新样式的刺刀，被称为Ⅲ型刺刀。刀柄形状和Ⅱ型有所不同，而且首次采用塑料制材质的刀柄和刀鞘。同时刺刀的插口也有改动，以便可以在装上刺刀的同时还能加装榴弹发射器。

这样，我们所熟悉的AKM才算确定下来，如今看到的绝大部分

步枪之王：
AK47 传奇

图 6-10 AKM-III 型左右视图。

AKM 都是 AKM-III 型。

　　AKM 由伊热夫斯克兵工厂和图拉兵工厂两家工厂生产，生产时间从 1959 年到 1979 年，整整持续了 20 年，总产量达到 1200 万支，是 AK 系列突击步枪中产量最大的子型号，甚至超过了 AK47。由于 AKM 是从 AK47 一脉相承发展而来，所以基本结构相同，外形上也很接近。有不少

图 6-11 AK47（上）和 AKM（下）的枪口对比。

图 6-12 AKM-Ⅲ 型枪口特写。

人会把 AKM 和 AK47 混为一谈，甚至认为 AKM 就是 AK47。

有些资料认为中国仿制 AK47 的 56 式冲锋枪，也是仿制的 AKM。这个说法当然是错误的。因为 56 式定型量产是在 1956 年，所以才得名 56 式，而 AKM 要到 1959 年才定型，所以 1956 年的 56 式怎么可能仿制 1959 年才出现的 AKM 呢？

还有人说 56-Ⅱ 式是仿制 AKM，但 56-Ⅱ 式相对于 56 式的主要改进是折叠枪托，而 AKM 并不是折叠枪托，即便是 AKM 的折叠枪托型 AKMS 型最常见的是枪托向下折叠，而 56-Ⅱ 式的枪托是向右折叠，显然也说不上是仿制。

还有的人虽然知道 AKM 和 AK47 是两种枪械，但是认为区分 AKM 和 AK47，只要看枪口有没有斜口防跳器。其实这也是片面的，因为只有 AKM-Ⅲ 型才有斜口防跳器，AKM 基本型和 AKM-Ⅱ 型都没有。实际上区分 AKM 和 AK47 最简单最直观的方法，就是看枪托的角度。AKM 的枪托更加平直，下弯角度小，AK47 的枪托下弯角度明显就要大得多。由于下弯角度大，AK47 在开枪射击时的后坐力方向与枪托抵肩时反作用力并不在同一直线上，力的作用线交叉明显，所以 AK47 射击时枪口上跳的情况就要比 AKM 严重得多。卡拉什尼科夫也意识到了这一点，所以在设计 AKM 的时候，将枪托下弯角度改小，后坐力方向和枪托的反作用力因此趋向于同一条直线，能够更加有效地降低后坐力的影响，这也是 AKM 在操控性和精度上要胜过 AK47 的原因所在。

图 6–13 AK47 的枪托角度。

图 6–14 AKM 的枪托角度。

另外，AKM 和 AK47 的枪管固定方式也不一样，AK47 是螺旋拧转固定，AKM 则是直接插进枪身，再用卡笋固定。当然这个区别，肉眼是无法辨别的。

总体而言，AKM 对于 AK47 而言是青出于蓝而胜于蓝。

在 AKM–III 型之后，还出现过几种衍生型号：

第一种是折叠枪托型，AKMC 型（英文为 AKMS 型，一般习惯用英文型号名），和 AK47 的折叠枪托型一样，也是为空降兵、装甲兵、特种部队对枪械尺寸有特殊要求的兵种而专门研制的。AKMS 型除了枪托改为金属折叠枪托，还取消了枪口防跳器，缩短长度以减轻重量。展开枪托全长 880 毫米，枪托折叠状态枪长只有 640 毫米，空枪重 3.3 千克。折叠枪托有两种类型：一种是由两根撑杆样式的，枪托可以折叠于机匣下方，这是比较常见的 AKMS 型号；另一种是枪托折叠于机匣右侧，中间还有加强护板，这种类型就比较少见。

图 6-15 AKMS 折叠枪托型突击步枪。

第二种是带有夜视瞄准镜的 AKMH 型（英文名为 AKMN 型），其实就是在 AKM-III 型上加装夜视瞄准镜，按照现在的说法，就是增加了一个战术附件，根本谈不上是一个新的衍生型号，但在当时，苏联军队还是很认真地专门赋予了一个型号。

图 6-16 带瞄准镜 AKMH 型突击步枪。

第三种是短枪管的 AKMCY 型（英文名为 AKMSU 型），从型号上就可以看出，这种短枪管型是在折叠枪托型的基础上上缩短了枪管，所以是 AKMCY 型，而不是 AKMY 型，这里的 C 就表示折叠枪托，Y 表示短枪管（在英文型号里，S 表示折叠枪托，U 表示短枪管）。在进行了缩短枪管的改进之后，枪管长度缩短到 270 毫米，枪托展开状态全枪长只有 740 毫米，枪托折叠状态全枪长为 480 毫米，由于枪管缩短，重量也随之下降了，空枪重仅为 2.85 千克。

短枪管 AKMSU 型原来计划是装备空降兵和特种部队的，于 1977 年开始测试，结果在测试中发现 7.62×39 毫米中间型威力弹枪不适合如此短的枪管。由于枪管太短，导致子弹的发射药来不及完全燃烧，因此在全自动射击时后坐力和枪口焰都非常大，以至于射手控制枪械都很困难。加上这时 AK 系列的下一代 AK74 的短枪管型 AKS74У 型（英文名为 AKS74U 型）已经通过定型测试，即将开始量产装备部队，所以，AKMSU 型还没有正式列装就被淘汰了。

图 6-17 AKMSU 短枪管型突击步枪。

不过，也有人认为 AKMSU 型从来就没有真实存在过，因为在苏联公开的资料和相关报道中，从来都没有 AKMSU 型的介绍和照片。这点就非常奇怪了，本来突击步枪是非常普遍的轻武器，没有什么高技术含量，AK 系列的其他型号，甚至后来同样是供空降兵和特种部队使用的短管突击步枪都有公开，苏联完全没有理由单单对根本没有列装的 AKMSU 型严加保密。

在权威的《俄罗斯突击步枪历史》中也提到了 AKMSU 型："在 1975

年，基于 AKS74U 步枪衍生出了另外一种 AK 步枪的短枪管变种，即 AKMSU 步枪……这个项目仅作为原型枪存在，因为苏联军队已经选定了新的口径（5.45 毫米）。"应该说这个描述是比较准确的，AKMSU 型只是一种停留在原型枪的阶段，并没有真正制造出来。

现在世界上唯一一支 AKMSU 型的实物保存在英国皇家兵工厂里，这是英军在 2001 年阿富汗战争中缴获的。看看这支实物确实有些怪异。因为这支 AKMSU 型的机匣和 AKMS 型折叠枪托型不一样，机匣尾部有两个铆钉链接，而 AKMS 型的机匣尾部只有一个铆钉链接。纵观全世界的 AK 系列突击步枪，只有中国的 56 式冲锋枪机匣尾部是两个铆钉。按理说，苏军的 AK 系列突击步枪，绝对不可能采用 56 式的机匣样式，这不是简单的一个铆钉和两个铆钉的差异，而是整个生产线的问题。所以就有人大胆推测，这支所谓的短枪管 AKMSU 型，根本就不是苏联的，而是巴基斯坦或者阿富汗的某个民间枪械工匠，用他搜集到的中国 56 式冲锋枪的机匣，以及苏联 AKMS 型的折叠枪托、AKS74U 的上机匣盖等部件，组合出了这样一支短枪管 AKMSU 型。

尽管 AKMSU 型的情况扑朔迷离，众说纷纭。但是这款造型奇葩的短

图 6-18 保存在英国皇家兵工厂的 AKMSU 突击步枪。

图 6-19 AKMS 机匣后部特写，可以看到只有一颗铆钉。

枪管 AKM 还是引起了不少枪械爱好者的猎奇心。在美国就有一些枪械发烧友依样画葫芦，复制了一批 AKMSU 型。一方面是为了满足自己的好奇，彰显自己的水平；另一方面，也提供给电影公司作为道具，因为同样是短枪管的 AK74SU 型在美国不容易找到，所以就用这些复制的 AKMSU 型来冒充 AK74SU 型。这也算是山寨产品的逆袭吧。

图 6-20 AKMSU 机匣的后部特写，是两颗铆钉。

尽管苏联并没有真正研制短枪管型 AKM，但南斯拉夫倒真的生产过这样一款短枪管 AKM，那就是南斯拉夫的 M92 型短枪管突击步枪。M92 采取长行程气动式活塞，转拴式枪栓运作气动原理，可以进行全自动和单发射击，枪托和 AKMS 型一样的金属折叠枪托。与南斯拉夫制造的其他

图 6-21 美国民间仿制的 AKMSU 突击步枪。

图 6-22 在美国电影中经常可以看到作为道具的 AKMSU。

AK 系列突击步枪一样，护木上都是三个散热孔，而苏联及俄罗斯原产的 AK 系列突击步枪，护木上的散热孔只有两个。M92 还设有一个消焰器，能够减低发射时所产生的枪口焰。正如很多短枪管的卡宾枪一样，M92 也存在射程短和在全自动射击时枪管容易过热、后坐力大、精度低以及贯穿力较低等问题。尽管短枪管存在这么多问题，但它具有尺寸短小紧凑的优点，更适合空降兵、装甲兵等兵种使用。

M92 使用苏联的 7.62×39 毫米中间型威力枪弹，采用 30 发容量的钢制弹匣，可以与南斯拉夫生产的其他 AK 系列突击步枪的弹匣通用。

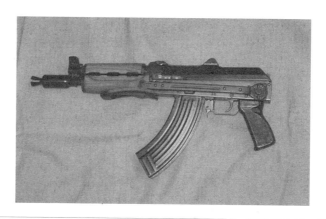

图 6-23 塞尔维亚 M92 型短枪管突击步枪。

AKM 系列最后一个衍生型号是 AKM1974 年改进型。不过同一年，采用 5.45 毫米小口径的新一代 AK——AK74 突击步枪已经定型，即将开始量产装备部队，由于小口径化已经成为 20 世纪 70 年代以后世界突击步枪发展的趋势，在性能上要比 AKM1974 年改进型更先进，因此 AKM1974 年改进型就遭遇了 AKMSU 型一样的命运，只停留在原型枪的阶段，没有进入量产。

最后介绍一下 AKM 的姊妹枪——RPK 轻机枪，这是和 AKM 一起被

图 6-24 AKM1974 年改进型突击步枪。

苏联国防部选中作为新一代制式轻武器的班用轻机枪，其实就是 AKM 的机枪版。

RPK 是英文"卡拉什尼柯夫轻机枪"（Ruchnoi Pulemet Kalashnikova）的首字母缩写，俄语是 РПК（Ручной Пулемёт Калашникова），就是在 AKM 基础上发展而来的轻机枪，和 AKM 同时通过定型测试，1959 年开始量产装备部队。

虽然说是 AKM 的机枪版，但 RPK 在许多地方和 AKM 还是有所不同，例如枪管加长加重，枪口初速增加，射程也相应提高，弹匣容量增加到 40 发（或者使用更大容量的 75 发弹鼓）以增强火力持续性，配备可折叠的两脚架，增加稳定性以提高射击精度，瞄准具增加了风偏调整，枪托采用了捷格加廖夫 RPD 轻机枪的枪托样式，显然这些不同都是为了更好地体现机枪的作用。

RPK 轻机枪的基本设计原理和 AKM 一脉相承，采用导气式自动方式枪机回转式闭锁结构，有 80% 的零部件和 AKM 通用，同时也通用 7.62×39 毫米中间威力步枪弹，因此也沿袭了 AK 系列火力凶猛、结构简单、性能可靠的特点。不过作为轻机枪，尽管采用加长加重枪管、两脚

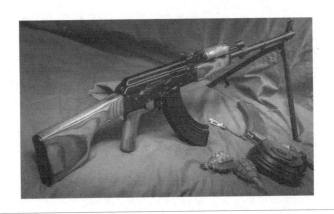

图 6-25 AKM 的姊妹枪——RPK 轻机枪。

图6-26 带弹鼓的 RPK 轻机枪。

架、固定枪托，提高了初速、射程和精度，但是由于采用固定枪管，不能像大部分机枪那样拆卸更换枪管，所以无法长时间连续射击，实际上只能算是重型枪管自动步枪。

不过，尽管 RPK 轻机枪存在枪管无法更换导致无法长时间连续射击的不足，但总体性能还是非常出色的，成为苏制轻机枪的代表，不但大量装备苏军，而且还有数十个国家装备，朝鲜、芬兰、越南、塞尔维亚还有

图6-27 RPD（外）和 RPK47（内，使用弹鼓）轻机枪兑比。

仿制。20 世纪 70 年代后期，在 AK74 的基础上改进的 RPK74 校口径轻机枪直到今天都还有不少国家在装备。

和 AKM 系列一样，RPK 轻机枪也有不少衍生型号，如 RPKS 木制折叠枪托版、RPKSN 带夜视瞄准具的折叠枪托版、RPKM 玻璃纤维塑料护

资料 6-2：RPK 轻机枪的基本数据

口径：7.62 毫米

全枪长：1040 毫米

全枪重：5 千克（40 发弹匣）

5.6 千克（75 发弹鼓）

枪管长：590 毫米

膛线：4 条，右旋，缠距 240 毫米

瞄准基线：555 毫米

枪口初速：740 米 / 秒

枪口动能：2250 焦耳

理论射速：600 发 / 分钟

发射枪弹：7.62×39 毫米 M43 型中间威力步枪弹

弹匣容量：40 发

弹鼓容量：75 发

表尺射程：1000 米

有效射程：300 米

最大杀伤力射程：1500 米

木折叠枪托版，以及 RPK74 型 5.45 毫米小口径版。

几十年来，对于 RPK 轻机枪的评价一直都很高，这也从一个侧面说明 AKM 的性能还是相当不错的。

AKM 是 AK47 的优化改进版，可以称为 AK47 的 2.0 版，主要针对 AK47 的一些不足，重点在减轻重量、减小后坐力、提高精度等方面做了改进，虽然没有从根本上彻底解决问题，但多少有了改善，从而使 AKM 的性能比 AK47 有所提升，并成为 AK 系列突击步枪中，产量最大、影响最大的一个子型号，甚至可以说是 AK 系列的典型代表。

AKM 针对 AK47 重量较重、射击精度低的缺陷，进行了卓有成效的改进，在枪身上，AKM 使用了当时先进的金属冲压工艺和合成材料，使

图 6-28 AKM 与 AK47 对比。

得全枪重量要比 AK47 减轻了大约 1 千克，并且通过在击锤上加装延迟装置以及枪口上加装控制枪口跳动的防跳器来提升射击精度。同时，表尺射程也得到了增加，并加装了用于夜间瞄准的荧光材料镭221，以便于夜间瞄准。因此，AKM 是青出于蓝而胜于蓝的成功之作。

AKM 自问世以来，从 20 世纪 60 年代到如今，几乎每一场局部战争中都有出现，尤其是越南战争、苏联入侵阿富汗、两伊战争中更是得到了大量应用。在实战中，AKM 以其火力凶猛、皮实耐用、可靠性高而深受好评，一代名枪的赞誉实至名归。

资料 6-3：同样都是自动武器，卡宾枪、冲锋枪、突击步枪和轻重机枪有什么不同？

同样都是自动武器，卡宾枪、冲锋枪、突击步枪和轻重机枪有什么不同？

先说卡宾枪，这是英语"carbine"的音译，这个英语单词源自西班牙语，本意是"马"，所以卡宾枪其实就是骑兵使用的马枪（也叫骑枪），是一种为了便于骑兵携带使用的短枪管步枪，并不分手动、半自动和全自动，使用普通步枪弹。

因为要和冲锋枪、突击步枪、轻重机枪对比，所以特指具备全自动射击的卡宾枪。由于枪管比同型号自动步枪要缩短了一些，所以射程相对要小，威力也稍显不足。现在骑兵基本上已经被淘汰，但短枪管的卡宾枪并没有随之消亡。主要是供特种部队、空降兵、炮兵、装甲兵、驾驶员、导弹操作手等兵种

图6-29 卡宾枪就是短枪管步枪，采用普通步枪弹。

使用，因为卡宾枪缩短了枪管，尺寸更为紧凑小巧，适合这些
兵种在机舱、车厢等相对狭小的空间使用。虽然卡宾枪射程比
常规自动步枪要小一些，但是在近战或者这些兵种用来自卫，
还是绰绰有余了。所以直到现在，卡宾枪还有着很强的生命力。

　　冲锋枪则是使用手枪弹的单兵自动武器。由于采用手枪弹，
所以相比自动步枪，射程要近，威力也小。但是火力很猛，并
不比自动步枪逊色。最早的冲锋枪就是在第一次世界大战期间，

图6-30 冲锋枪则是使用手枪弹的单兵自动武器。

德军为了应对堑壕战而研制的。所以在近战、巷战中还是非常有效的。和自动步枪相比，可谓是互有长短相得益彰。除了炮兵、装甲兵、驾驶员、导弹操作手等兵种用来作为自卫武器外，普通的步兵班里，也会将冲锋枪和自动步枪混搭配置，在战术上配合使用，冲锋枪主要负责在近距离突击作战，而自动步枪则负责在远距离进行火力压制。

突击步枪是使用中间威力步枪弹的自动步枪。中间威力步枪弹比普通步枪弹减少了装药量，所以威力要小，有效射程也只有400米。但是现代战争，步兵的战斗距离主要也是在400米之内，而且中间威力步枪弹重量也比普通步枪弹要轻，可以增加步兵的弹药携行量，因此逐渐成为现代自动步枪的主流。本书的主角AK47就是典型的突击步枪，所以对突击步枪也不多加赘述了。

机枪，属于自动武器，是一种主要用于压制的重火力枪械，具有火力持续而猛烈的特点。在第二次世界大战之前，机枪的分类很简单，就是分为轻机枪和重机枪两种。

两者之间的区别主要有：

第一重量不同：轻机枪的重量在10千克左右，而重机枪则要笨重的多，基本上都要在25千克以上。

第二射速不同：轻机枪射速约在200发／分钟，重机枪射速要比轻机枪明显上一个层级，达到600发／分钟。所以轻机枪大多使用弹匣供弹，重机枪大多使用弹链供弹。

图6-31 轻机枪的重量在10千克左右。

第三有效杀伤距离不同：轻机枪大约在500米，重机枪则要达到1000米以上。

第四编制不同：轻机枪通常配备到班一级，重机枪则配备到连一级。

第五作战用途不同：轻机枪偏重于火力支援，重机枪则是担负火力压制，有时还要打击简易工事和轻装甲目标。

在上述区别中，最主要的就是重量，轻机枪重机枪的名字也是因此而来，正是因为重机枪重量较大，为了保证射击的准确，通常会配用三脚架以增加稳定性，同时由于重量大，一个人无法携带，这些衍生而出的特点也逐渐成为重机枪的特点。而口径上的区别相对就比较含糊，虽然一般来说，重机枪的口径都是10毫米以上的大口径，轻机枪更多是10毫米以下的小口径，但这也不是绝对的，更不是区分的关键标准，例如抗战时期日军著名的九二式重机枪口径就只有7.7毫米。

图 6-32 重机枪则要笨重的多，基本上都要在 25 千克以上。

简单一点来说，轻重机枪在外观上最简单的区分就是看支撑架，两脚架的就是轻机枪，三脚架的就是重机枪。

不过，在第二次世界大战期间又出现了介乎于轻重机枪两者之间，模糊了轻重机枪区别的通用机枪，也叫轻重两用机枪，德国的 MG34 就是第一种通用机枪。这是将轻重机枪的优点有机结合起来的新品种，既具有重机枪射程远、威力大，连续射击时间长的优点，又有轻机枪轻便灵活，能紧随步兵进行行进间火力支援的优点。正因为兼备两者之长，所以在战后就很快取代了轻机枪与重机枪，成为机枪的主流种类。特别是在步兵分队中更是基本取代了重机枪的地位，而且有的通用机枪还同时配有两脚架和三脚架，以便在不同的情况下灵活转换使用。

因此，重机枪也就逐渐退出了步兵行列，而是更多在各种武器平台上使用，比如装甲车、直升机、小型舰艇等，这样既能发挥重机枪火力凶猛连续，射速快距离远的优势，又不需要

图6-33 如今重机枪逐渐退出了步兵行列，而是更多在各种武器平台上使用。

太在意重量和携带，从而使重机枪还能墙外开花。

那么，有了轻机枪重机枪，有没有不轻不重的机枪？还真有一种介乎于轻重机枪之间的中型机枪，各方面性能比轻机枪强，但又比重机枪差一些，不过这样一来，定位就有些不上不下，所以也就并不多见。

还有一种比较多见的叫法就是班用机枪，顾名思义，就是配属给步兵班使用的机枪，以前是属于轻机枪，而现在更多的则是属于通用机枪，毕竟由于科技的发展，在重量像轻机枪那样轻便的情况下能具备重机枪更快射速更远距离的高性能，当然就会选择通用机枪了。56式轻机枪就是班用机枪。

也有人还有疑问，轻机枪和自动步枪又区别在哪里呢？早期的步枪是手动，单发射击，和自动武器的机枪具有明显的不同，但随着自动步枪的问世，步枪也具备和机枪一样的自动连发性能，和同样是单兵携带的轻机枪区分也就更模糊了。当然还是有所区别的，自动步枪是以以单发、短点射、精确射击为主，连发射击并不是常态；而轻机枪则以长点射、连续射击为主，所以在用途上还是有明确的不同。因此，自动步枪常常配备标准枪管甚至短枪管，以保证机动灵活；而机枪则通常配备重型枪管、长枪管，以便更充分地发挥火力的连续性。

20 世纪 60 年代，美国新一代制式步枪 M16 开始装备部队。M16 最大的特点就是小口径，口径只有 5.56 毫米，由此在世界上引发了一轮小口径步枪的热潮。所谓小口径步枪，就是指口径在 6 毫米以下的步枪。通常步枪的口径都在 7 毫米以上，只有日本的有坂三八式，也就是我们非常熟悉的三八大盖采用了 6.5 毫米，日本之所以采用这样小于常规的口径，主要是考虑日本资源匮乏，为了节约生产弹药的原料。对于三八大盖，中国民间长期流传着一种说法，三八大盖一枪两眼，杀伤力很有限。其实这种说法并不符合事实，三八大盖在 400 米以内距离的杀伤力还是很强的，打在要害处肯定是致命的。只有到 1000 米以上距离，杀伤力才明显下降。而在战场上，步枪主要的作战距离就是在 400 米左右，所以三八大盖实战表现还是相当不错的，不然日本也不会从 1907 年到 1945 年长达 40 年的时间都将三八大盖作为制式步枪。

对三八大盖的这种错误认识，很大程度上就是对小口径步枪杀伤力不强的一种惯性思维。确实，口径越大杀伤力越大，这是基本常识，不过 M16 采用的 5.56 毫米小口径步枪子弹采用大长弹径比，所以在击中人体后会出现翻滚，产生类似达姆弹的效果，大大增加了杀伤威力。正是通过这样的弹药设计，一举解决了小口径杀伤力不足的痼疾。同时，小口径步枪有两大优势：第一后座小易于操控，从而提高了精度；第二重量轻，在同等情况下，能比常规口径的步枪携带更多弹药。因此，小口径步枪从20世纪60年代开始成为世界步枪发展的主流。

在这样的大背景下，苏联也开始发展小口径步枪。苏联两位子弹设计师维克多·萨巴尼科夫和利迪亚·布拉夫斯科业一起研制了一种 5.6×42 毫米步枪弹，最后发展成 M74 型 5.45×39 毫米步枪弹。同时 AK47 的设计师卡拉什尼科夫也对 AKM 进行改进，重点就是小口径化，最后研制出了几款发射 5.45 毫米步枪弹的试验枪。

图 7-1 20 世纪 60 年代美国开始装备的新一代制式步枪口径 5.56 毫米的 M16 自动步枪。

20世纪60年代中期开始，位于克利莫夫斯克的苏联中央精密机械工程研究院开始对弹药小口径高速（SCHV）概念展开了研究，重点是对 AKM 突击步枪进行了小口径化改进。最初使用的弹药是由中央精密机械工程研究院刚刚研制出的 5.6×42 毫米高速步枪弹，卡拉什尼科夫设计局也参与了这项研究。两家单位合作研制出 AKM 的小口径版试验枪，同时验证了 AKM 使用小口径弹药的可行性。不过这款试验枪并没有大规模量产，总共只生产了大约 200 支，全部用于测试。

小口径版的 AKM 在外形上与使用常规中间威力弹药的 AKM 几乎完全相同，区别只是小口径版的 AKM 采用了一种带有一定弧度的弯曲弹匣。1969 年，中央精密机械工程研究院又研制出了与 AK 系列更匹配的小口径弹药——5.45×39 毫米步枪弹，并同步开发了一种配套的弹匣。

卡拉什尼科夫设计局对 AKM 的小口径化更为重视，作为世界枪械顶尖大师的卡拉什尼科夫自然很清楚小口径化对于 AK 系列有着多么重要的意义。从 AK47 到 AKM，尽管几经努力，但后坐力大影响射击精度以及枪身笨重两大顽疾始终难以从根本上解决，而小口径化恰好可以很有效地改善这两个问题。

1969 年，卡拉什尼科夫研制出了使用 5.45×39 毫米小口径步枪弹的 A017 原型枪。A017 采用了不少 AKM 不同的部件，包括一个开槽的层压对接、扇形护手，以及一个 45 度导气箍，但大部分部件还是可以和 AKM 通用。

A017 原型枪还采用了全新的电木护手，以及四种不同类型的枪托，包括一种固定式的胶合板枪托，一种固定式的胶木枪托，一种底部折叠枪托和一种全新的侧面折叠枪托。

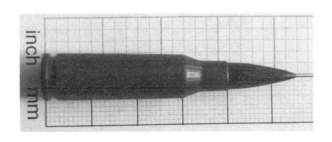

图 7-2 苏联 5.45×39 毫米喜爱口径步枪弹。

A017 原型枪和 5.45×39 毫米小口径步枪弹在测试中的表现非常令人满意。

与此同时，另外两名设计师分别研制出了在 AKM 基础上改进的小口径自动步枪——AL4 和 AL7。经过大量的对比试验，苏军最终决定采用卡拉什尼科夫研制的 A017，因为 AL4 和 AL7 对于当时的苏联来说过于先进，要生产这两款步枪需要对现有的步枪生产线进行大规模的升级改造。而 A017 有 53% 的零部件沿用了 AKM 的零部件，从生产和换装训练的角度来看，这是成本最小的方案。

A017 定型后，苏军赋予了正式的军方编号——AK74，意思就是 1974 年定型的卡拉什尼科夫的自动步枪。其实 AK74 的大规模量产在 1973 年就已经开始了。同时 AK74 所使用的 5.45×39 毫米小口径步枪弹

图 7-3 AK74 所使用的 5.45×39 毫米小口径步枪弹，由于采用带被甲的空尖结构，弹头击中目标后很容易破碎，弹头重心靠后而且长径比大，导致稳定性较差，一旦命中人体，因为受到阻力，会急剧减速，产生翻滚，弹头的铅套和钢心在惯性作用下二次前冲，当遇到骨骼时，铅套有可能冲破被甲而出现开花弹效果，子弹出口创伤远比进口大，从而极大增强了杀伤力。因为杀伤力非常恐怖，所以 5.45×39 毫米 M1974 型小口径步枪弹被称作为"毒子弹"。

也被命名为 1974 型步枪弹。这种子弹采用带被甲的空尖结构，弹头击中目标后很容易破碎，弹头重心靠后而且长径比大，导致稳定性较差，一旦命中人体，因为受到阻力，会急剧减速，产生翻滚，弹头的铅套和钢心在惯性作用下二次前冲，当遇到骨骼时，铅套有可能冲破被甲而出现开花弹效果，子弹出口创伤远远比进口大，从而极大增强了杀伤力。因为杀伤力如此恐怖，所以 5.45×39 毫米 M1974 型小口径步枪弹被称作为"毒子弹"，AK74 也被称为"毒弹枪"。

AK74 以 AKM 为基础，两者的导气式原理、闭锁机构、供弹方式、击发发射机构等完全一样。但为了发射 5.45×39 毫米小口径步枪弹，AK74 对枪机、导气箍等部位都做了相应改进。枪管膛线缠距缩短，提高了弹头转速，使得飞行弹道更为稳定。另外 AK74 的枪机体直径相应减小，使枪机框与枪的重量比上升到 6 ∶ 1（AK47 这个比例只有 5 ∶ 1），这种比例变化使得步枪自动机射击时更为可靠，但缺点是对拉壳组件的强度要求更高，因此又对枪机、拉壳钩等强度要求高的零件进行了重新设计。机匣由模压金属片制成，非常耐用。此外，AK74 的枪膛进行了镀铬处理，还增加了一个结构复杂的圆柱形枪口制退器，这个枪口制退器也成

图 7-4 AK74 是以 AKM 为基础研制的小口径自动步枪。

了 AK74 与 AKM 在外形上的最大的区别。

　　枪口制退器外形为圆柱形，整体机加工而成，长 81 毫米，直径 25.8
毫米，内部为双室结构；前室的两侧各有一个方形开口，开口的后断面切
割出锯齿形槽；后室开有 3 个直径 2.5 毫米的导气孔，分布于上面和右侧
面。根据气体动力学原理，从膛口喷出的火药燃气在这个枪口装置中进行
两次冲击、两次膨胀。气体在通过后室时，有部分气体从后室的 3 个导气
孔喷出，以达到制退和减震的综合作用；在通过前室时，大开口后端面的
槽会使气体偏流 25 度，让足够多的气体反冲在开口的前端端面，进一步降
低后坐力。另外向右上方喷出气体可以减轻枪口射击时的上跳现象，也有
利于提高射击精度。小口径弹药后坐力本来就低，加上这个相当有效的枪
口制退器，AK74 连发射击时的精度比 AKM 提高了许多。

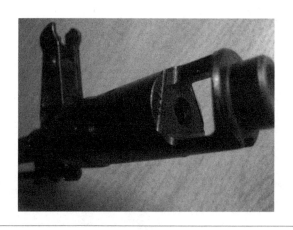

图 7-5 AK74 的枪口特写。

　　AK74 射击时枪托所受的后坐力为 1.42 米 / 千克，而 M16A2 为 2.97
米 / 千克，AKM 则为 4.31 米 / 千克，可见 AK74 的制退效果还是非常显
著的，即使是从未经过训练的人都能很轻松地端着 AK74 进行连发射击，
而且散布精度比其他同类枪械都要高。不过 AK74 的单发精度依旧比较

低，这也是 AK 系列设计上的先天原因造成的。

不过枪口制退器虽然制退效果明显，但枪口焰也相应更加明显，尤其在黑暗中射击时，更为醒目。

AK74 的照门仍为缺口式，卡拉什尼科夫认为缺口式照门的优点是瞄准速度快，不过相比西方主流的觇孔式照门，缺口式照门的射击精度还是药稍逊一筹。另外由于枪机撞击机匣的问题也没有彻底解决，所以射击精度不高的缺陷依然没有得到根本改善。

但和 AKM 相比，AK74 的精度已经大大提高了。根据相关测试的结果，在 300 米距离上，AK47 和 AKM 的命中率为 29%，而 AK74 的命中率则高达 40%。一个在阿富汗战争中获得红星勋章的苏军老兵就说，他经常在 450 米甚至 600 米距离上使用 AK74 开火射击，命中率不算低，可见 AK74 的射击精度确实大为提升了。

AK74 有两种枪托，一种是采用木制固定枪托的基本型，底板上有黑色橡胶垫，使抵肩射击时更为稳定，而且对后坐力有缓冲作用。AK74

图 7–6 AK74 由于采取了枪口制退器，虽然制退效果明显，但枪口焰也相应更加明显，尤其在黑暗中射击时就更为醒目。

的木托枪与AKM粗看很相似，不同的是两侧加工有长约100毫米、宽19毫米的槽。另一种则是采用骨架形折叠枪托，称为AKC74（英文为AKS74），和AKM一样，折叠枪托型是装备空降兵和特种部队的。

AK74的小握把和弹匣一样，用玻璃纤维塑料模压成型。护木用层压木板制成。除了AK74和AKS74外，这一型还包括有在机匣左侧装有光学瞄准器基座的AK74N和AKS74N。AK74还可以挂载40毫米榴弹发射器。

AK74的弹匣材料为玻璃纤维塑料模压成型，生产工艺简单，成本也低，但强度很高，坚固耐用。弹匣弯曲度比AKM得弹匣有所减小，侧面没有突筋和凹槽，所以外表非常平滑。早期配用的弹匣是橙色的，后来又出现了黑色和深棕色弹匣。

AK74和AK47、AKM相比，性能确实有所提升，具体有这样几个优势：

第一，弹道更为平直，因此远距离射击精度明显强于AK47。

第二，5.45毫米小口径步枪弹后坐力更小，更便于掌控射击和瞄准，

图7-7 早期AK74配用的弹匣是橙色的，后来又出现了黑色和深棕色弹匣。图为采用黑色弹匣的AK74。

资料 7-1：AK74 突击步枪的基本数据

口径：5.45 毫米

全枪长：930 毫米（固定枪托型）

全枪重：3.3 千克（不带弹匣）

3.6 千克（带 30 发弹匣）

枪管长：420 毫米

膛线：4 条，右旋，缠距 196 毫米

瞄准基线：372 毫米

枪口初速：900 米 / 秒

枪口动能：1380 焦耳

理论射速：650 发 / 分钟

发射枪弹：5.45×39 毫米 M1974 型小口径步枪弹

弹匣容量：30 发

表尺射程：1000 米

有效射程：400 米

最大杀伤力射程：1350 米

尤其是在全自动连发射击时，精度比 AK47 高得多。

第三，5.45 毫米子弹比 7.62 毫米子弹尺寸小很多，重量也轻很多，所以在装满弹匣的情况下 AK74 要比 AK47 轻将近 3 千克，这也意味着同样情况下，士兵携带子弹的数量也能比 AK47 更多。苏军曾做过对照试验，在相同条件下，AK74 的携弹量可以比 AK47 多 20%。

第四，5.45 毫米小口径步枪弹由于优越的设计，杀伤力并不比 AK47 的 7.62 毫米中间威力步枪弹差多少。同样是小于 6 毫米的小口径，5.45 毫米和 5.56 毫米相比，5.45 毫米可能更有优势。因为 5.45 毫米子弹的形状比 5.56 毫米子弹更为狭长。在动能基本相同的情况下，更尖更细更长的 5.45 毫米子弹会拥有更平直的弹道，所以 5.45 毫米子弹精度会更高，同时在击中人体后产生的翻滚也更强烈，这也就意味着 5.45 毫米子弹的杀伤力也更强。

图 7-8 AKM 基本型（上）和 AK74（下）。

AK74 其实就是在 AKM 的基础上发展出来的小口径版，所以两者之间除了弹匣、枪管、枪管口消焰器、防跳器以外，其他 75% 的零部件都是可以通用的。这样做既可以便于量产，不需要对生产线进行大规模的改动，又可以大大加快 AK74 的研制进程，避免在小口径版本在研制过程中少走弯路，将研制的重点集中在最关键的小口径化上。而且，AKM 本身就是一款性能非常出色的突击步枪，有着先天优势，所以 AK74 的研制就比较顺利，不需要另起炉灶重新开张，是典型的小步快跑循序渐进。加上小口径本身就是对 AK47 后坐力较大的缺陷，一种从根本上解决问题的举措。所以，AK74 一方面是 AK 系列的终极提升，同时又是小口径突击步枪的经典。

AK74 是苏联装备的第一种小口径自动步枪，也是仅次于美国 M16 的世界上大规模装备的第二种小口径步枪，从 1974 年开始陆续装备苏联军队，逐步取代 AKM。AK74 首次公开亮相就是在 1974 年 11 月 7 日的十月革命纪念日阅兵上。除了苏军，华约国家也大量装备了 AK74，这些国家在装备时也做了一些改进。例如民主德国在特许生产时采用特别的钢制枪托和一些塑料部件。保加利亚生产的 AK74 则采用了硬木枪托，罗马尼亚的 AK74 不仅装有前握把，而且还增加了 3 发点射控制机构。匈牙利的 AK74 也和罗马尼亚一样增加了 3 发点射控制装置。

AK74 在 1973 年就已经开始量产，这时 AKM 的生产还在进行，直到 1975 年前后，AKM 才逐渐停产。在 AK74 量产型之前，还有一些早期型号，主要用于测试，这些早期型号后来大都被收藏在博物馆。和量产型相比，这些早期型在细节上稍有不同，例如在枪口制退器、护木等地方有一些细小差别。

AK74 有很多衍生型号：

早期型 AK74 由于在 20 世纪 80 年代的阿富汗战争中频频亮相而逐渐为大众所熟悉。这种早期型 AK74 的外形特征主要是独特的 62 度导气箍设计，橡胶衬垫和半月形枪口制动装置。

1977 年 6 月以后，AKM 停产，相关兵工厂开始全面生产 AK74，这时候量产型的 AK74 不再使用早期型的电木护木、A 型气块（带附件凸

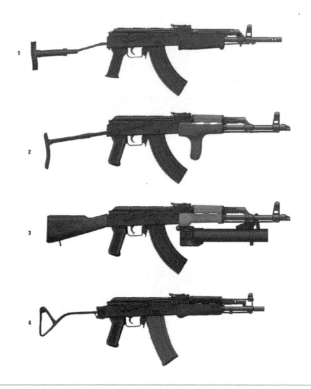

图 7-9 四种 AK 枪族枪械的对比，从上到下依次是：

1949 年的 7.62 毫米 AK-47 突击步枪，配有 30 发弹夹；

1959 年的 7.62 毫米 AKM 突击步枪，配有 30 发弹夹；

1978 年的 5.45 毫米 AK-47 突击步枪，配有 30 发弹夹；

1979 年的 5.45 毫米 AKS-74U 短突击步枪，配有 45 发弹夹。

耳）和 A 型固体前视镜底座。在下护板下方切割成筒体的减光槽可以和早期型号一样加装榴弹发射器，1978 年开始采用 GP-25，使得护木进一步削弱。由于需要使用 AKM 的零部件，许多早期型的木质护木还是 AKM 的护木，甚至机匣上都保留了标准的"AKM"铆钉图案。

1977 年开始生产后期型 AK74，这时候 AK74 的生产已经上轨道，年产量达到了 100 万支。后期型 AK74 的特点是在著名的 90 度导气箍和一个新照门基座设计改变了机匣的基本铆钉模式。

图 7–10 AK74 主要部件分解图。

这时，苏联的枪械工程师发现，在枪管内垂直钻孔，可以有效解决导气问题，因此就在 AK74 的枪管上采取了这个措施。另外，从 1978 年底开始，在使用中发现 AK74 后耳轴出现问题，要解决这个问题，就得改变 AKM 和 AK74 早期型的铆接模式，同时也需要改变左侧镜桥导轨，这是用来安装夜视设备，在机匣的左侧增加导轨共用的。

1979 年，图拉兵工厂也开始生产 AK74，图拉版 AK74 最显著的特点是深棕色护木、枪托和 62 度导气箍。除了标准型，图拉兵工厂还负责生产折叠枪托型的 AKS74。

从 AK47 开始，折叠枪托型就是衍生型号中不可或缺的。AK74 自然也少不了折叠枪托型，AK74C 型（英文名为 AKS74 型，一般习惯用英文型号），和 AK47、AKM 的折叠枪托型一样，也是为空降兵、装甲兵、特种部队对枪械尺寸有特殊要求的兵种专门研制的。AKS74 的枪托展开后枪长 933 毫米，枪托折叠状态枪长 694 毫米，其他都和早期 AK74 一样。1985 年以后出现了采用玻璃纤维枪托的后期型 AKS74。

除了折叠枪托型，还有短枪管型 AK74CУ 型（英文名为 AKS74U 型），也就是西方所说的卡宾型，但苏军却称之为冲锋枪。AKS74U 于

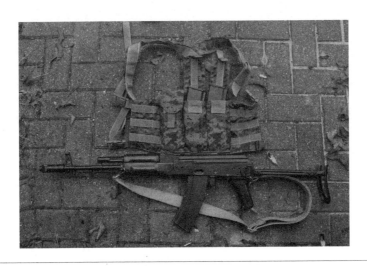

图 7-11 AKS74。

1979 年开始量产，主要装备在通信兵、装甲兵、炮兵、指挥官、工兵、直升机飞行员、后勤人员以及特种部队。AKS74U 是在折叠枪托的基础上，不仅仅缩短枪管，还有不少变化，例如枪管加重，但枪口初速降低，射程也有所减小，有效射程仅有 250 米。枪口处安装了一个气体膨胀式装置，使来不及充分燃烧的气体膨胀，以便达到降低枪口焰的目的。还有，发射部分没有击锤延迟装置，这也是自从 AKM 出现击锤延迟装置以来，AK 系列中仅有的特例。另外，枪托部分更加简单，可以折叠或者直接拆卸，重量大大减轻，真正实现了短小精悍。

AK74 系列还有一款衍生的机枪型——RPK74 机枪，就是和 AK74 一样通用 5.45×39 毫米小口径步枪弹的班用机枪，从而和 AK74 形成枪族，同时也用来替换原来 AKM 枪族的 RPK 轻机枪。

RPK74 机枪配有加长加重枪管以及两脚架、改进型木制固定枪托（少数是折叠枪托），通用 AK74 的 30 发、45 发弹匣。和 RPK 轻机枪一样，RPK74 由于采用固定枪管，不能像大部分机枪那样拆卸更换枪管，

图 7-12 AK74 折叠枪托型短枪管 AKS74U 型突击步枪。

所以无法长时间连续射击，实际上只能算是重型枪管自动步枪。

RPK74 与 AK74 同步研发，1974 年开始服役，并授权多个华约国家自行生产。目前 RPK74 机枪仍然在俄军及多个国家的军队中服役，参加过阿富汗战争、两次车臣战争和伊拉克战争，实战表现还是不错的。

图 7-13 AK84 枪族的 RPK74 轻机枪。

1987 年，卡拉什尼科夫开始对 AK74 进行改进，随后推出了 AK74M，这个型号中的 M 和 AKM 中的 M 一样，都是俄语"改进"（модернизирован）的首字母缩写。所以 AK74M 就是 AK74 的改进型。

AK74M 到苏联解体以后的 1991 年才开始量产。大部分 AK74M 在外观上最明显的特征就是将原先 AK74 的深棕色枪托、护木都改为黑色，这还不仅仅是颜色的改变，而是采用了黑色的纤维塑料代替原来的木料作为枪托、护木和握把的材质。护木上还增加了防滑纹。由于改用了纤维塑料材质，因此枪重减轻到 3.325 千克，此外纤维塑料的热传导性能较低，而且强度和耐磨性都要高于木质。早期型号的枪口制退器为前后两个敞开的气室，后期型又改为与 AK74 相同的设计。另外刺刀也改用了黑色的纤维塑料刀柄，造型也有所改变，新型刺刀重 290 克，刃长 163 毫米，宽 29 毫米。另外，AK74M 还采用了可以安装瞄具的燕尾槽导轨，这是被之后所有 AK100 系列所沿用的设计。

　　AK74M 是卡拉什尼科夫参与设计的最后一款枪械，所以被誉为一代枪王卡拉什尼科夫最后的杰作。AK74M 量产时苏联已经解体，所以就成了俄罗斯军队的制式单兵轻武器。

　　首先是装备阿尔法、信号旗这样的特种部队，之后就全面装备俄军所有部队，逐渐淘汰了 AK74，成为俄军新一代的制式步枪。AK74M 参加了

图 7-14 1991 年才开始量产的 AK74M，大部分 AK74M 在外观上最明显的特征就是原先 AK74 的深棕色枪托、护木都改为黑色，这不仅仅是颜色的改变，而是采用了黑色的纤维塑料代替原来的木料作为枪托、护木和握把的材质。

资料 7-2：AK74M 突击步枪的基本数据

口径：5.45 毫米

全枪长：930 毫米（固定枪托型）

全枪重：3.3 千克（不带弹匣）

3.6 千克（带 30 发弹匣）

枪管长：415 毫米

膛线：4 条，右旋，缠距 196 毫米

瞄准基线：379 毫米

枪口初速：900 米 / 秒

枪口动能：1380 焦耳

理论射速：650 发 / 分钟

发射枪弹：5.45×39 毫米 M1974 型小口径步枪弹

弹匣容量：30 发

表尺射程：1000 米

有效射程：400 米

最大杀伤力射程：1350 米

车臣战争以及叙利亚战争，表现还是相当出色的。

相较而言，AK74 系列的性能比第一代的 AK47 和第二代的 AKM 都有较大提升，尤其是采用了小口径之后，对 AK47 最大的两个缺陷（枪身笨重和后座大导致精度不佳）都有明显改观。但在知名度上，AK74 依然无法和 AK47 相提并论。甚至有人还以为 AK74 是 AK47 的笔误。主要原因是 AK47 问世的时候，在技术上可以说是领先于时代的，因此给人们带来了巨大冲击，而 AK74 尽管性能有了提升，赶上了世界现代步枪小口径化的潮流，但在技术上并没有什么超前，而且在外形上依然摆脱不了 AK47 的痕迹，因此被 AK47 的盛名掩盖，也就不奇怪了。

虽然 AK74M 是卡拉什尼科夫最后的杰作，但 AK 系列的故事并没有就此终结。在 AK74M 之后，俄罗斯又推出了主要用于外销的 AK100 系列，不过此 AK 不是彼 AK，原先的 AK 表示是卡拉什尼科夫研制的自动步枪，这里的 AK 是表示亚历山德罗夫在卡拉什尼科夫自动步枪（AK74M）基础上研制的，A 是亚历山德罗夫（Alexandrov）的姓名首字母，K 还是卡拉什尼科夫（Kalashnikov）的首字母。

苏联解体后，俄罗斯实行经济体制的改革，AK 系列最重要的生产企业伊热夫斯克兵工厂改制成伊兹玛什公司，也不得不开始考虑经济效益，为了打开海外销售渠道赚取外汇，伊兹玛什公司就根据市场的不同需要推出了不同口径的 AK100 系列突击步枪。因为 AK100 是从 2000 年以后推出的，所以被称为"世纪系列"。AK100 系列都不是由卡拉什尼科夫设计的，而是由伊兹玛什公司后起的枪械设计师亚历山德罗夫设计，不过都是在 AK74M 的基础上改进而来。尽管口径不同，但 AK100 系列都有两个共同的特征：都是采用 AK74M 的玻璃纤维折叠枪托，机匣左侧都有安装瞄准镜的导轨。

2009 年，伊兹玛什公司首先推出 AK100，其主要特点是：机匣盖带有皮卡汀尼导轨铰接于表尺基座，重新设计了枪托固定方式；增加了小握把装置，估计是为了枪身右侧的连发单发转换装置，规避折叠枪托而改在小握把处，用连杆与右侧保持同步。不过 AK100 的原型枪只停留在测试阶段，连试生产都没有开始，后来整体设计转入 AK200 项目。

AK101 就是将 AK74M 的口径改为 5.56 毫米，以便使用北约通用的 5.56×45 毫米步枪弹，这是针对西方主流市场的 AK74M 外贸型，所以外形和 AK74M 十分相似，唯一的区别就是弹匣更为平直，这是因为采用的是外形平直的北约 5.56 毫米 30 发弹匣。

AK102 就是 AK101 的短枪管，口径还是 5.56 毫米，但枪身从 415 毫米缩短到 314 毫米，整整短了 100 毫米，全枪长也缩短到 825 毫米，而且枪口装置变成了 AK74U 的喇叭口消焰器，准星位于导气管结合处。

图 7-15 AK101 就是将 AK74M 的口径改为 5.56 毫米，以便使用北约通用的 5.56×45 毫米步枪弹，这是针对西方主流市场的 AK74M 外贸型，所以外形和 AK74M 十分相似，唯一的区别就是弹匣更为平直，这是因为采用的是外形平直的北约 5.56 毫米 30 发弹匣。

AK103 是 7.62 毫米口径的出口型。由于当年 AK47 和 AKM 的影响力实在太大，所以世界上还是有很多国家更青睐 7.62 毫米口径。AK103 就是针对这些国家而造的。既然是 AK47 的口径，自然是采用 AK47 最传统的弯曲弹匣，而且整体外形也和 AK74 非常相似。

AK104 就是 AK103 的短枪管型，口径还是 7.62 毫米，枪管和枪身长度和 AK102 一样，外观上看就像是 AK102 换了个弯弹匣。

AK105 是折叠短枪管 AKS74U 的出口型，口径 5.45 毫米，枪管长度和 AK104 一样，只有 314 毫米，比 206.5 毫米的 AKS74U 长。外形上看，

图7-16 AK103是7.62毫米口径的出口型，由于当年AK47和AKM的影响力实在太大，所以世界上还是有很多国家更青睐7.62毫米口径。AK103就是针对这些国家而造的。既然是AK47的口径，自然是采用AK47最传统的弯曲弹匣，而且整体外形也和AK74非常相似。

图7-17 M4（左）和AK103（右）的对比。

AK105与AK104几乎完全一样，只能从弹匣的弯曲度来区分，弯曲弧度更大的是AK104。

俄罗斯军队发现AK103和AK105性能很不错，非常适合替换AKM

和 AK74，因此从 2010 年开始就逐渐采购装备俄罗斯军队，成了出口转内销。

图 7-18 AK105 就是折叠短枪管 AKS74U 的出口型，口径 5.45 毫米。

AK107 是 AK100 系列中最值得一说的，其最大的特点是采用了平衡后座系统，这是一个带六齿齿轮的平衡器，在枪机上部装有带圆形开口的滑轨，滑轨靠六齿齿轮与在枪机上面的另一个开有孔的滑轨同步运动。射击时，火药燃气通过枪管导气孔进入导气室后分成两部分，一部分气体向后推动活塞，活塞杆将枪机压向最后方位置另一部分气体向前推动滑轨。但滑轨的滑动并非全由火药气体推动，在枪机向后运动的同时，上边的滑轨是通过六齿齿轮联动而向前运动并压缩滑轨簧。枪机到位后，在复进簧作用下向前运动，将下一发子弹从弹匣中推入弹膛，并完成闭锁。闭锁后枪机解脱击锤的自动保险，这时上面的滑轨在滑轨簧的作用下向后运动，重新回到起始位置。

由于有了这套平衡后座系统，通过平衡运动来减小后坐力，效果相当不错，后坐力大幅减小，连发射击精度也有了显著提高，还能实现每分钟900 发的高射速，此外还增加了 3 发点射功能。这是极具战术价值的。AK系列火力凶猛，但射速太快，连发射击不仅精度低，而且弹药消耗太快，如果单发射击，又起不到火力压制作用，所以 3 发点射就成了最理想的射击模式。

枪身外形和 AK103 很相似，部件大量采用工程塑料、玻璃纤维等复合材料制成，所以重量很轻，也是全黑色枪身。AK107 还有一个特点，不是使用外加式导轨安装战术配件，而是在枪管顶部自带导轨，这样大大增强了战术扩展能力，也节省了资源和提高了实用性。

AK107 采用苏式小口径的 5.45 毫米，因此可以视作是 AK74M 的升级改进版，被公认为 AK100 系列中性能最出色的。

为了针对北美民用枪械市场的销售，伊兹玛什公司还在 AK107 的基础上，取消了全自动连发射击，推出只能半自动和单发射击的民用版 Saiga MK107 半自动步枪。之后又在 Saiga MK107 半自动步枪基础上研发了专供 IPSC 竞赛的 SR1 半自动步枪。

图 7-19 AK107 采用苏式小口径的 5.45 毫米，因此可以视作是 AK74M 的升级改进版，被公认为 AK100 系列中性能最出色的。

图 7-20 为了针对北美民用枪械市场的销售，取消了全自动连发射击，只能半自动和单发射击的民用版 Saiga MK107 半自动步枪。

AK108 是 AK107 的北约口径版，改用北约通用的 5.56 毫米口径。

AK109 则是 AK107 的大口径版，回归了 AK47 和 AKM 的 7.62 毫米口径，采用 7.62×39 毫米中间威力步枪弹。

伊兹玛什公司曾经有意将性能大幅提升的 AK107 以及 AK109 作为俄军新一代的制式轻武器，但在参与了测试后就放弃了，重点还是着眼于海外民用市场。

再接下来就是 AK12，这是 AK 系列中最具有西方步枪外形风格的一款步枪，2012 年首次亮相，所以被命名为 AK12。无论是外观还是机械结构，都是全新设计，是一种带有鲜明西方风格的轻武器。机匣、枪管两侧

图 7-21 AK109 则是 AK107 的 7.62 毫米口径版，采用 7.62×39 中间威力步枪弹。

图 7-22 AK12 是 AK 系列中最具有西方步枪外形风格的一款步枪，2012 年首次亮相，所以被命名为 AK12。

以及枪管下方都有皮卡汀尼战术导轨，可以非常灵活地安装所需要的战术
附件。枪托可伸缩，可折叠，外形比较方正，不再像传统的苏式枪械那么
硬朗，而是更简洁大气。

AK12口径7.62毫米，可以发射7.62×39毫米、7.62×54毫米、以
及北约制式的7.62×51毫米弹药。同时，AK12也有小口径版，既有苏式
的5.45毫米，也有北约的5.56毫米。而且AK12还发展出短枪管版和机
枪版，以满足不同的市场需要。

AK12的主要特点是全新设计的机匣、枪托枪管同轴线、枪身两侧都
有连发单发转换装置，还增加了空仓挂机功能。AK12是伊兹玛什公司在
AK107参与俄军新一代制式轻武器竞争失败后，于2013年推出的全新型

图7-23（上）AK47突击步枪；

（中）AK74突击步枪；

（下）AK12突击步枪。

号，2014 年通过第一轮测试，2015 年 1 月因部分零件的结构强度不达标、枪身重量超重，没能通过最终测试。

因此 AK12 主要也是外销，俄军只有少量装备。

在 AK12 之后，伊兹玛什公司又推出了 AK15，是在 AK12 的基础上改进而来，也采用了 7.62 毫米口径。外观更加现代，枪托采用类似美制 AR 系列步枪的枪托设计，可以拉长，也可以更改角度。枪身为工程塑料结构，机匣整体、护木、握把、枪托以及弹匣都是工程塑料材质。皮卡汀尼战术导轨的位置和 AK12 相同，机匣上面、护木四周都有，可以根据不同的作战需要来加装战术附件。AK15 可以使用 30 发标准弹匣供弹，必要时也可以使用 45 发弹匣或者 75 发弹鼓，还可以换上重型枪管，加装两脚架改装成轻机枪，模块化设计很强。但 AK15 并没有进入量产，只是停留在原型枪阶段。

图 7-24 带消音器的 AK15，这在 AK12 的基础上改进而来，采用 7.62 毫米口径的版本。

AK12 项目失利后，伊兹玛什公司痛定思痛，在 6 个月后就推出了 AK400。这款新枪综合了同时期开发的"Обвес"卡拉什尼科夫现代化模组与 AK103 的设计，使用 AK74M 的机匣，并对卡拉什尼科夫传统的导气原理做出了优化，有 5.45 毫米与 7.62 毫米两种口径。主要特点是沿用 AK74M 的机匣，与 AK74M 有 54% 的零部件通用全新的准星座，与气体

图 7-25 在 AK12 的基础上研制的 AK400 突击步枪。

调节器浑然一体、采用重型枪管、浮置护木和快拆枪口装置机匣盖上可以插销固定的皮卡汀尼导轨做了优化设计，克服了传统 AK 枪机框剧烈撞击机匣底部的问题，大幅提高了精度采用全新的 30 发弹匣。最后，AK400 凭借在精度、可靠性、操作性上的提升，击败了竞争对手 A-545，被俄军装备总局赋予了 6P70（5.45 毫米）和 6P71（7.62 毫米）的军方编号，2018 年开始量产，优先装备空降兵部队。

"Обвес"，直译为"套件"或"轮廓"，伊兹玛什公司在开发 AK12 时，吸取了 AK200 的经验，整合了一套 AK 现代化改装套件，可部分或全部的用于各种 AK 系列枪械上。"Обвес"包括鸟笼状消焰器和快拆遮焰套、新式导气管、皮卡汀尼导轨护木、替换掉原表尺自带 L 形翻转照门的皮卡汀尼导轨机匣盖、带储物室的人体工程学握把、新式枪托等。

在与突击步枪配套的班用轻机枪方面，伊兹玛什公司也在继续改进，并于 2016 年推出了 RPK16，采用新的 96 发弹鼓以及两种尺寸的快拆枪管，以替换 RPK74。

俄罗斯联邦除了正规的陆海空三军外，还有国民近卫军（原内卫部队）等军事单位也有大量装备突击步枪的需求。2014 年 AK74M 停止生产，2016 年伊兹玛什公司团把"Обвес"套件移植到 AK100 系列上作为出厂设置，当时称作 AK74M1、AK101M……AK105M，在 2018 年以后统一

图 7-26 采用 Обвес 套件的 AK101 突击步枪。"Обвес"，直译为"套件""轮廓"，伊兹玛什公司在开发 AK12 时，吸取了 AK200 的经验，整合的一套 AK 现代化改装套件，可部分或全部的用于各种 AK 系列枪械上。"Обвес"包括了鸟笼状消焰器和快拆遮焰套、新式导气管、皮卡汀尼导轨护木、替换掉原表尺自带 L 形翻转照门的皮卡汀尼导轨机匣盖、带储物室的人体工程学握把、新式枪托等。

改称 AK200 系列，产品编号由 AK200 到 AK205。AK-200 系列在设计上更为传统，重量也比 AK12 重，但价格更加便宜，和"Обвес"稍有不同的是机匣盖设计是铰接表尺基座而非替换表尺。AK200 系列主要是由俄罗斯联邦的执法部门、国民近卫军采购，当然也出口。

其中，AK200 是伊兹玛什公司 2011 年推出的 AK 系列新款突击步枪，

图 7-27 采用 Обвес 套件的 AKS74 突击步枪。

据说在设计过程中还得到了卡拉什尼科夫的指点。

　　和 AK100 系列一样，AK200 同样也是在 AK74M 基础上改进而成，改进的重点就是增加了皮卡汀尼导轨。早在 2009 年，伊兹玛什公司就公布了一款在机匣盖上整合了皮卡汀尼导轨的新枪，这就是 AK200 的雏形。传统的 AK 系列从来不在机匣盖上加装瞄准器，这是因为 AK 系列的机匣盖材料轻薄而且固定性也不理想，所以在机匣上加装瞄准器很难固定。芬兰仿制的 AK 系列和以色列的加利尔突击步枪的机匣盖都是经过了重新设计，不但厚重而且有四个配合面定位，因此可以在机匣盖上安装照门。而伊兹玛什公司为了能在机匣盖上直接加装瞄准器，而不是传统的在机匣左侧加装瞄准镜器，在新的机匣盖后端增加了固定装置，使机匣盖不会因为射击时的震动出现晃动。

　　AK200 的重量比 AK100 增加了 500 克，全重达到 3.8 千克。重量增加的原因是加装了用于固定瞄准器、战术手电以及激光目标指示器的导轨。此外，AK200 除了传统的 30 发弹匣，还研制了 50 发和 60 发大容量

图 7-28 AK200 也是在 AK74M 基础上改进而成，改进的重点就是增加了皮卡汀尼导轨。早在 2009 年，伊兹玛什公司就公布了一款在机匣盖上整合了皮卡汀尼导轨的新枪，这就是 AK200 的雏形。

弹匣，以加强火力持续性。另外，枪托采用了美军 M4 卡宾枪式样的伸缩枪托。

尽管 AK200 性能比 AK74M 有明显的提升，但俄军对 AK200 评价却并不高，主要是因为 AK200 在设计上基本没有什么创新，完全就是在吃老本。并且因为新增加的附件导致全重增加，外形也"变丑"了，俄军官兵的评价相当尖刻："卡拉什姑娘穿上了铁背心。"只有特种部队对增加了导轨以及伸缩枪托比较欢迎，但对于照搬 M4 的枪托很不满意，一些老兵认为"设计者伏特加喝高了"。另外他们也觉得两脚架很碍事。还有人觉得瞄准器及附加观瞄设备还是加在侧装镜桥上更好一些，对于在上机匣加固装导轨，更有不少官兵很是不屑。因此，AK200 很有点鸡肋的味道，技术上乏善可陈，只是伴随着 AK200 出现了 60 发弹匣和适用于各种 AK 系列的枪托转接器。

图 7-29 阅兵式上装备 AK200 的俄罗斯国民近卫军。

AK200 现在只有 5.45 毫米口径，以后可能会像 AK100 系列那样推出不同口径的子型号。

AK203 是 AK200 系列中的外贸出口型，与 AK15 一样，采用

7.62×39 毫米中间威力弹药，外形和 AK15 相似，但 AK203 的枪管要稍微长一些，还有机械标尺像传统 AK 系列一样，放在中间，后面是导轨，其余的都与 AK15 相同。作为外贸型号，AK203 采用模块化设计，多处带有皮卡汀尼战术导轨，可以安装多种战术附件。

图 7-30 AK203 是 AK200 系列中的外贸出口型，采用 7.62×39 毫米中间威力弹药，外形和 AK15 相似，但 AK203 的枪管要稍微长一些。

AK300 系列是最新的系列，目前只知道有 AK308，也是外贸型号，.308 英寸（约 7.82 毫米）口径。有人认为这是一款狙击步枪，但实际上还是突击步枪，追求射速和杀伤性，外观结合了传统 AK 和西方现代

图 7-31 AK300 系列是 AK74 枪族最新的系列，目前只有 AK308，也是外贸型号，采用 .308 英寸（约 7.82 毫米）口径。

步枪之王：
AK47 传奇

图 7–32 各种型号的 AK 枪械：

第一排：（左）AK74 的外贸版 AK101，（右）东欧国家生产的 AK47 仿制型，使用折叠枪托，并加上了战术导轨；

第二排（左）AKM 的折叠枪托型 AKMS；（右）拼装型号，AK74 的枪管口消焰器、AKM 的上机匣和弹匣、AK47 的枪托、56 式突击步枪的准星；

第三排（左）比较现代化版本的拼装型，全部采用复合材料，主要部件是 AKM，枪口消焰器是 AK74 的，准星护圈又采用了 56 式的全包围样式；（右）比较现代化版本的拼装型，全部采用复合材料，基本上是 AKMS 的结构，只有准星护圈采用了 56 式的全包围样式；

第四排（左）比较现代化的拼装型，全部采用复合材料，基本上是 AKMS 的结构，在护木下方加装小握把，准星护圈采用了 56 式的全包围样式；（右）拼装型号，AKM 的上机匣、弹匣和枪管口消焰器、56 式突击步枪的准星和枪托。

步枪的风格，带有战术导轨，可以灵活加装各种战术附件，枪托类似美国 AR 步枪枪托的风格，可以折叠，可以伸缩。不过现在还在测试中，还没有量产。

AK 系列从 AK47，到 AKM，再到 AK74，再发展到 AK100 系列、AK200 系列和 AK300 系列，形成了一个庞大家族。尽管从 AK100 系列开始，尽管已经不是卡拉什尼科夫设计，但在设计思路上一脉相承，所以还是放在一个大家族中。从1947年到2020年，时间跨度长达73年，各种衍生型号以及各国的仿制型号，总产量超过了1亿支。参加过1947年以后的绝大部分战争，在实战中赢得了很高声誉，是名副其实的一代名枪家族。

资料7-3：为什么枪械的口径有零有整，有英制有公制，如此混乱？

军迷朋友接触到枪械的口径，总会觉得头大，有英制单位，有公制单位，而且还都不是整数，都有零有整，还有英制单位换算成公制都不对，再加上各国还要自行其是，各搞一套，更是怎一个乱字了得。

先说什么是口径，所谓口径，简单说就是指枪、炮管的内直径。枪械分为滑膛枪和线膛枪，滑膛枪是以号数来表示口径。以一磅纯铅（453.5克）制作出若干个（一定要偶数）相等质量的球体，每个小球正好能通过滑膛枪的枪膛，那么有几个小球就叫几号。例如一磅纯铅制作出12个小球，并且正好可以通过枪膛，那就叫12号滑膛枪。号越大口径越小，号越小口径越大。12号滑膛枪枪口直径大约是18.5毫米。

线膛枪枪管内有膛线，凸起的称为阳线，凹进去的称为阴线。口径是指两条相对的阳线之间的垂直距离。要注意的是子弹弹头的直径肯定要大于口径，这样弹头才能嵌入膛线旋转并

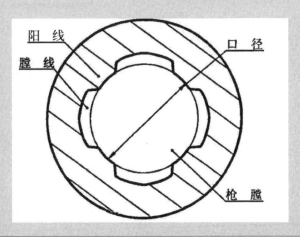

图 7-33 线膛枪枪管内有膛线，凸起的称为阳线，凹进去的称为阴线。口径是指两条相对的阳线之间的垂直距离。

起到闭气的作用。如中国 5.8 毫米口径步枪，弹头直径实际上是 6 毫米。

再来说说口径。

第一大类就是英制单位，也就是以英寸为单位，因为早期英国是枪械生产大国，所以采用英制单位也就不奇怪了。

1 英寸 = 25.4 毫米，所以比较常见的就有 0.223 英寸（5.56 毫米）、0.30 英寸（7.62 毫米），0.357 英寸（9 毫米）、0.45 英寸（11.43 毫米）、0.50 英寸（12.7 毫米）等。

采用英制单位时要注意，一些西方资料中习惯不写英寸单位，甚至连前面的 0 都没有，而直接写成 .22、.30、.50，读作点 22、点 30、点 50，有些翻译者不懂军事常识，又比较粗心，就把前面的 "." 给忽略了，结果翻译成了 30 毫米，50 毫米——要知道枪和炮的区分就是以20毫米为界，小于20毫米叫枪，大于20毫米就是炮了，50毫米怎么可能是枪呢？

英制单位还有一个特例，那就是0.38英寸，而且这是特指发射0.38ACP子弹（ACP是Automatic Colt Pistol，柯尔特自动手枪弹）的左轮手枪口径——对，就是以前香港电影里警察阿Sir配用的左轮。第一个特别，这个0.38英寸不是指枪管直径，而是指子弹的弹壳的最大直径。第二个特别，0.38英寸左轮实际上枪管口径是0.354英寸（9毫米），而0.38英寸是9.65毫米。

图7-34 英制单位还有一个特例，那就是0.38英寸，而且这是特指发射0.38ACP子弹。

所以，0.38英寸左轮其实就是9毫米左轮，但是你要是说9毫米左轮，那就太Low了。

第二大类就是公制单位了，随着一些国家的枪械设计和制造上了轨道后，就开始不买英国账了，开始搞自己的一套口径了。

首先是德国，最著名的毛瑟步枪口径就是 7.92 毫米，而不是当时主流的 0.30 英寸（7.62 毫米），所以后来中国仿制毛瑟步枪的中正式，就因为 7.92 毫米口径而被俗称为七九步枪。

接着是日本，日本资源相对比较匮乏，所以将 7 毫米级别的步枪稍微减小了一些，采用 6.5 毫米。抗战时期著名的三八大盖和歪把子机枪都是 6.5 毫米口径。

图 7-35 正是由于历史上的种种原因，导致现在枪械子弹口径五花八门，怎一个乱字了得。

第二次世界大战以后，步枪逐渐开始小口径化趋势，枪械口径有大，中，小，微之分。12 毫米以上称为大口径，6~12 毫米为中口径，5~6 毫米为小口径，5 毫米以下为微口径。就在 5 ~ 6 毫米的小口级别，北约采用 5.56 毫米，华约则是采用 5.45 毫米，而中国干脆就采用了 5.8 毫米。

正因为这些原因，导致了枪械的口径五花八门，看得让人头大。

至于子弹的型号，也就更为复杂，最简单的表述就是7.62×54毫米，7.62表示口径是7.62毫米，54则表示弹壳长度是54毫米，更专业一点，则再加上例如"Nagant"（纳甘弹）或者ACP之类的后缀，来说明子弹生产商或者规格。

AK47问世以后，很快就成为苏联以及华约国家陆军步兵装备最广泛的制式突击步枪，通常每个步兵班配备1具RPG火箭筒、1挺和AK47使用同样7.62×39毫米中间威力步枪弹的RPK班用轻机枪，其余人员全部配备AK47。

在战斗中，班长一般是在全班战斗队形的中间，RPG火箭筒和RPK轻机枪在班长的两侧，以便班长能够有效指挥步兵班的重火力。由于AK47火力凶猛，所以很多人都想当然地以为，在战斗中AK47主要是进行近距离的全自动连发射击。实际上，AK47在150米以上的距离进行全自动连发射击，基本上就是在浪费弹药，因为AK47在远距离进行全自动连发射击时精度是很差的。有经验的士兵在较远距离开火都会选择半自动射击方式，有些AK系列的枪械还有三发点射功能，那么采用三发点射也是不错的选择。只有到了150米以内的距离，才会进行全自动连发射击。由于AK47的射速太快，所以在实战中，连发射击的时候不会太多，不然弹药消耗太快，如果补给跟不上就麻烦了。

这只是AK47最基本的战术使用原则，实战中由于战斗情况不同、地形不同，士兵自身条件、敌人的战术、训练程度以及其他无形因素也各不相同，所以现实情况也不可能完全相同，要根据实际情况进行调整。

使用 AK47 的还有很多不是正规军，例如反政府武装、黑社会犯罪团伙、恐怖分子等，这些人由于没有接受过正规的训练，大都缺乏对 AK47 正确的维护保养知识，甚至有些人根本就没有将表尺有效归零，这就大大影响了 AK47 的射击精度。同时，由于缺乏训练，射击姿势不正确，瞄准技术差，射击控制糟糕，也会影响射击的准确性。对于这些人来说，选择 AK47 是因为容易上手，而且可以靠凶猛火力来弥补射击精度上的不足。

图 8-1 1988 年一名阿富汗游击队成员正在用 AK47 猛烈开火。

在非洲，有些少年兵会采用很奇怪的射击方式，看起来甚至有些滑稽，简直像是把 AK47 当作了舞蹈的道具。可想而知，这样操控 AK47 进行射击，效果肯定不会好。

当然，经过严格训练的士兵在战斗中也会因为紧张或者情况紧急而出现失误，例如对较远距离目标射击时，忘了重新调整表尺而是将表尺保持在零点或较近的射程上，导致射击距离不够；占据不利的射击位置；使用不稳定和无控制的射击方式，等等。

正常情况下，AK47 在训练有素的士兵手里，是一款相当不错的武器。实战中，AK47 和 AKM 不但可以有效打击人员和轻防护目标，还能有效进行对空射击。

在萨尔瓦多内战期间，反政府武装就发现 7.62 毫米口径的 AKM 在丛林中和对付直升机时的表现比 5.56 毫米口径的 M16 突击步枪更佳。在军圣伊西德罗的一次战斗中，政府军出动直升机支援被围困的部队，反政府武装就用 AKM 向直升机猛烈开火，尤其是在高大建筑物顶楼的 AKM，对直升机构成了极大威胁，最终迫使政府军不得不放弃了使用直升机救援的计划。

1993 年，美军在索马里摩加迪沙的军事行动，也就是著名的"黑鹰坠落"事件中，当地武装也有使用 AK 突击步枪向美军直升机开火的情况。虽然当地武装的训练和组织都远远不如萨尔瓦多反政府军，但是当地武装人数众多，射击杂乱，依然对美军直升机造成了极大威胁。

图 8-2 AK47 在非洲也被大量使用，由于 AK47 后坐力较大，有些非洲人身材单薄，所以射击姿势十分怪异。

不仅是萨尔瓦多反政府军和索马里当地武装这样的非正规军，就连苏军也会使用 AK 系列突击步枪对包括固定翼飞机、直升机和伞兵在内的空中目标进行射击。而且苏军对射击空中目标通常要求采用穿甲燃烧弹和曳光弹，如果没有穿甲燃烧弹，就使用普通子弹，如果有曳光弹，就每隔 3 到 5 发子弹加 1 发曳光弹。曳光弹对于射击移动目标调整偏差特别有效。向轻型装甲运兵车、卡车和其他车辆射击时，则是 1 发穿甲燃烧弹加 1 发普通子弹，间隔使用。

　　对付不同的空中目标需要运用不同的射击战术。射击进行对地俯冲的固定翼飞机，要求射手的瞄准镜设置在战斗瞄准镜零点上，在 700 至 900 米距离开火。对于以超过 530 千米 / 小时的速度横向飞行的飞机，只需对飞机航线前方开火，这样就会对飞机形成"屏蔽火力"。对于速度较慢的直升机，射手在目标前方瞄准一个或多个飞行器长度（视射程而定），以跟踪飞机并在 500 米以内进行射击。如果使用曳光弹，则射击角度要调整到目标上方。当直升机开始着陆时，要在不到 300 米的距离内向目标前方一个直升机长度开火。对付伞兵时，射手根据伞兵的飘移角度，瞄准伞兵的下方和前方，因为伞兵不会垂直下降。

图 8-3 美军从越南战争开始就在战场上大量运用直升机，在地面 AK47 的猛烈火力对直升机造成了很大威胁。

这些战术在越南战场得到了广泛应用，美军在越南战争中损失了上千架直升机，确实有相当一部分是 AK 突击步枪的战果。

AK47 诞生后的第一场大规模战争是朝鲜战争，但当时苏联援助中国的轻武器主要是老式的莫辛纳甘步枪和 PSh–43 冲锋枪，而没有 AK47。当时美军的轻武器是 M1 加兰德半自动步枪，AK47 对 M1 加兰德具有碾压性的代差优势，如果志愿军能够得到 AK47，无疑将会取得更大的胜利。

直到越南战争，美军才第一次遇上 AK47。确切地说，大部分越军装备的是中国仿制 AK47 的 56 式冲锋枪。AK47 以及 56 式在战场上的表现非常出色，在茂密的热带丛林中，AK47 和 56 式的表现要明显优于美军的 M16 和 M2 卡宾枪。

伏击战术是越南南方游击队最常用的，由于 AK47 射程适中、射速高，以及 7.62 毫米口径的子弹能轻易穿透没有装甲防护的卡车驾驶室和车身，因此成为伏击作战的利器。在近距离作战中，AK47 的高射速和大容量弹匣可以在极短时间里倾泻如瓢泼大雨一般密集的子弹，令美军胆战心惊。

苏军入侵阿富汗时，大量装备的是 5.45 毫米口径的 AK74。由于采取了小口径，所以 AK74 的综合性能比 AK47 和 AKM 有所提升，但在有效射程方面比 AK47 和 AKM 逊色，所以还是有不少人更喜欢 AK47 和 AKM。但是在杀伤力方面，小口径的 AK74 反而比 7.62 毫米口径的 AK47 和 AKM 强。

很多局部冲突都是在建筑物密集的城镇中进行的，例如格罗兹尼、费卢杰或加沙等地。AK 系列中的短枪管型，枪身短小结构紧凑，更适合在城市近距离作战中使用。7.62×39 毫米中间威力子弹可以轻松穿透门、墙

图 8-4 在越南战场的三支被毁的中国 56 式 (AKM) 突击步枪。上面一支是中国的 56 式，下边的一支折叠式 56-1 型，枪托和前护木被烧毁，已经无法使用。

壁、地板和天花板，对于无装甲防护的汽车也非常有效，如果是以斜射的角度打在防弹玻璃上，也很少会像 5.56 毫米子弹那样被弹飞。

在众多的实战经历中，AK 都以可靠和耐用而著称。因为卡拉什尼科夫在设计之初就将可靠性和耐用性放在首位，可以说每一个部件都考虑到了经久耐用。苏军甚至认为 AK47 的使用寿命至少可以达到 25 年。一支 AK 可以被埋在泥土里，不论是酷热的热带，还是严寒的雪原，都可以正常使用。

在越南战场上，曾经有 AK47 与战死的越军士兵一起埋在地下数月才被发现，甚至都不用特别清洗就可以射击。还曾经发现过一支被几厘米厚的枯叶覆盖的 56 式，除了镀铬的枪管和枪膛外，枪身已经完全生锈，木制枪托也开始腐烂，枪膛里有一发子弹，弹匣里有八发子弹，都生锈了。在使用溶剂清洁后，发现枪支仍处于半自动状态，单发连发转换装置也生锈了，但再一次用溶剂清洁后，取出枪膛里的子弹，检查枪管，并从弹匣中取出另一发子弹上膛，没有再进行其他处理，扣下扳机就可以射击。这支 56 式在丛林中经受风吹雨打至少一年,如果是一支 M16,肯定已经报废了。

对于 AK 最主要的抱怨是射程相对较小、精度较差。M16 的优势之一是枪管长 508 毫米,而 AKM 的枪管只有 436 毫米。这个优势目前已经没有了,因为美军步兵现在使用的是 M16A2,枪管长 368 毫米,射程、穿透力和精度都有所下降。另外,AK 的枪管相对较轻,这也降低了射击精度。AK 重量本来就重,所以为了减轻重量而得不得牺牲了精度和射程。

7.62 毫米是 AK 系列使用最广泛的口径,与 5.56 毫米口径相比,7.62×39 毫米中间威力子弹的穿透力比 M16 的北约制式 5.56 毫米子弹的穿透力更强,因为它的钢芯子弹重 8.9 克,比 5.56 毫米子弹几乎重一倍,可以击穿 15 厘米厚的木板、5 厘米厚的水泥墙,还可以在 1000 米距离穿透钢盔,在 300 米处距离穿透 6 毫米厚钢板,在 280 米处穿透 3.5 毫米厚均质装甲,在 60 米距离穿透防弹衣。穿甲弹在 200 米距离可以穿透 7 毫米厚装甲。在植被茂盛的丛林中,5.56 毫米子弹打到密集的枝叶很容易偏转,而 AK47 的 7.62 毫米子弹却能有效地穿透枝叶。

图 8-5 越南军民挥舞着 AK47 和中国的 56 式欢呼胜利。

AK47 和 M16 的子弹杀伤效果到底谁更强？大多数人认为，M16 的子弹能够穿透标准的美军防弹衣，而初速度较慢、体积较大的 AK47 的子弹不会穿透防弹衣。于是有人做了个试验，从 2 米距离外向防弹衣发射了两发 M16 子弹，结果两发子弹都没有穿透，因为子弹被防弹衣材质中的凯夫拉尼龙纤维缠住了。随后在相同距离上，AK47 发射两发子弹，结果却是直接穿透，可见 AK47 的穿透力是大大胜过 M16 的。

在整个越战期间，有很多美军士兵抱怨防弹衣的防护性能不够，有时无法抵挡 AK 突击步枪 7.62 毫米子弹的射击。因此，为了提供更多的保护，美军开始使用小型武器防护装甲（SAPI）或"Sappy 钢板"来加强保护。在 2001 年后的伊拉克和阿富汗战争中，由于无法获得附加装甲板，只好在悍马车上增加了额外的改装装甲，称为"乡下人装甲"或"吉普赛坦克"，其实利用这种废旧金属来强化防护，实际效果很差，只能得到一些心理安慰。

一位参加越战的美军士兵谈起第一次遇到 AK47 时的经历：当时的交战距离不到 50 米，越军在这样的近距离都是采取全自动连射，虽然越军人数不多，但却凭借 AK 的高射速，在火力上并不落下风。当时美军部队除了装备 M16，还装备有 .30 口径（7.62 毫米）的 M2 卡宾枪，配备 30 发子弹的弹匣（和 AK47 一样），但由于 M2 卡宾枪进行长时间全自动射击会导致枪管温度迅速上升，引起枪口上跳，所以只能使用半自动射击方式。AK47 的 7.62 毫米子弹可以穿透一些较小的硬木树枝，而 M2 的 .30 口径枪弹的穿透力就差多了，无法穿透的树枝。因此在近距离的丛林交火，M2 完全被 AK47 压制。虽然这只是越南战争中无数次小规模交火中的一次，但清楚地表明，使用 7.62 毫米子弹的 AK47 比同样口径的 M2 要更胜一筹。

图 8-6 越军也大量装备中国提供的 56 式系列突击步枪。

　　这个士兵还记述了另外一次交战：对手是一支全部装备 AKM 的越军部队，美军则全部装备了 M16A1 突击步枪。但尽管如此，M16 的 5.56 毫米子弹的穿透力依然很差。AKM 却能轻易地击穿灌木和树枝，而且 AKM 的 30 发弹匣也比 M16A1 的 20 发弹匣具有更强的火力持续性。M16 在进行全自动射击时，机匣温度会迅速升高，所以一般都是进行半自动射击。而越军在遇到有数量优势的美军时，会毫不犹豫地进行远距离全自动长点射，一口气打出十发甚至更多子弹。美军因此完全被火力压制。

　　2003 年美伊战争中，美军缴获了伊拉克军队装备的由罗马尼亚仿制 AKM 的 AIM。和苏联原产的 AKM 不同，罗马尼亚的 AIM 有独特的前护木握把。美军也会使用缴获的罗马尼亚的 AIM，弹药则是美军库存的美制 7.62×39 毫米中间威力步枪弹。一些美军步兵在伊拉克的城镇巷战中，也更喜欢使用 AK 系列突击步枪，因为它们比 M4 卡宾枪有更好的穿透力和更远的射程。为了适应这一情况，派到阿富汗和伊拉克的美军部队也都会接受使用 AK 系列突击步枪的训练。

　　由美国帮助建立的伊拉克新的政府军一开始拒绝接收美军的 M16 步枪，他们更希望装备 AK 突击步枪，因为他们更熟悉 AK 系列，而且伊拉克也有大量 AK 系列突击步枪的弹药库存。于是美国就在缴获的武器中，挑选 1989 年以后生产的固定枪托版 AK 突击步枪，作为伊拉克政府军的武器。但伊拉克陆军和警察在 2007 年以后逐渐淘汰了这些 AK 突击步枪，开始装备美制的 M16A4 突击步枪和 M4 卡宾枪。

人们对世界上使用最广泛的两种突击步枪 AK47 和 M16 进行了无数次对比试验，试图论证哪一款更好。虽然两者都是用于中近距离作战的突击步枪，但却是两种截然不同的武器，设计理念不同，使用的材料和制造技术也不同，战术使用更不同，弹药也不同。

图 8-7 在伊拉克的一次巷战演习中，一名美军士兵手持 AK74 突击步枪，配备有榴弹发射器，并安装了不常见的独脚架。

许多早期的对比测试都是为了以更有利的角度来展示 M16，特别是那些美国军事出版物上的测试。所以往往不是很公平，反而会夸大或淡化某些因素。

第一次正式的对比测试是在 1963 年 1 月进行的。美国陆军的斯普林菲尔德军械库对 AK 突击步枪并没有深刻的印象，主要是感觉这些 AK 的制造工艺比较粗糙，而且使用中间威力子弹的近距离、全自动的概念也没有得到充分的重视。事实上，美军才刚刚开始装备设计思想还停留在第二次世界大战观念的M14步枪。大多数北约国家在同一时间大都装备了新型的FN FAL步枪。就实际用途而言，M14步枪和FAL步枪基本相同，它们与AK47和AKM有很大的区别。它们是根据第二次世界大战的经验，提出需要坚固耐用的远距离精确射击、大容量弹匣的半自动步枪。相比之下，AK突击步枪更注重近距离攻击、选择性射击、大容量弹匣以及强调可靠坚固。

随着1962年M16诞生，并在1965年开始量产装备部队，美军和苏军在轻武器上的差异更加明显。

AK47强调可靠性，并为此做了大量的努力。与任何武器一样，AK47肯定不是完美无缺的，也存在着一些缺陷，但这些缺陷大部分都是小瑕疵。随后又开发出了改进型的AKM，便于生产，成本降低，同时提高了兼容性。AK系列的坚固耐用是闻名遐迩的，在这点上，娇嫩的M16根本无法与之相比。特别要说明的是，AK在枪管、枪膛和导气管内部都进行了镀铬处理，这可以有效减少发射药残渣对枪管的侵蚀，有助于防止弹壳卡在枪膛内，平时也便于清洗和维护，从而延长了武器的寿命。

图8-8 伊拉克战场上缴获的罗马尼亚制造的AIM（AKM的仿制品），但有独特的前护木握把。AIMS是折叠式步枪。这个枪上用布条作为临时枪背带。步枪上方的装置是苏联制造的坦克炮用潜望镜。

AK 步枪除了镀铬外，其他材料都很普通，而 M16 的原料主要是高品级铝材、钢、玻璃纤维浸渍树脂和塑料，因此被美军士兵戏称为"美泰玩具步枪"。而且 M16 的生产线需要熟练工人，而 AK 系列的生产线对工人的要求就低得多。

对于枪械来说，弹药也是一个关键因素。1964 年 8 月美国陆军的一份报告中指出："所有 5.56 毫米系统通用的雷明顿口径 .223 子弹，除重量外，被认为在所有方面都不如 7.62 毫米北约标准子弹。"

AK47 和 AKM 的 7.62 毫米口径比 M16 的 5.56 毫米口径有更强的穿透力，在越南战争的战场上，M16 的 5.56 毫米子弹对普通的覆盖物甚至是茂密的植被都无法穿透。这是因为 AK 步枪使用 7.62 毫米子弹，采用了挤压式棒状发射药，它比 M16 子弹的球状火药燃烧得更快、更彻底。

苏联在第二次世界大战中使用的发射药质量相对较差，有过惨痛的教训，战后就很注重发射药的研制，开发出了质量较高的发射药。相比之下，M16 的子弹采用的是燃烧速度较慢的高腐蚀球状发射药，同时也没有对使用部队进行有效清洁 M16 的培训，也没有发放专门的清洗包和润滑剂，这一切都是因为 M16 所谓可以自行清洁的传言。导致很多装备 M16 突击步枪的部队都不知道正确的清洗方法，这也使得 M16 的使用寿命大大降低。

M16 导气系统的设计进一步加剧了弹药残渣问题。M16 没有独立的气体活塞，气体被引导到枪栓支架内的一个腔体，然后直接将枪栓推回。这样的设计提高了精度，减小了后坐力，但如果有严重的残渣，就会把残渣直接带入枪管，同时也将更多的热量引导到枪管内，从而加快了润滑油的消耗。这导致需要更频繁地清洗和加注润滑油。

而 AK47 的导气箍上有通风口，可以让多余的残渣和气体及时排出，而不是进入枪身，这一点就比 M16 更先进。

M16 的弹药并不是一无是处，小口径弹药的优势就是重量较轻，使士兵可以携带更多的弹药，这样理论上可以增加士兵的火力。M14 步枪的基本携弹量为 5 个 20 发弹匣，而 M16 步枪的携弹量达到了 9 个 20 发弹匣。在越南战场上，士兵们携带的弹匣经常是平时的两倍甚至更多。如果 AK47 携带这么多弹匣，士兵肯定是吃不消的。

图 8-9 越南战场上美军制式装备是 M16 小口径突击步枪，因此越南战场也成了 AK 系列和 M16 系列大 PK 的实战舞台。

1967 年，M16 进行了大幅改进，推出了 M16A1 型，主要的改进包括：重新设计的枪栓、枪栓辅助装置（确保子弹完全装填）、枪膛进行镀铬处理、枪管缠距由 1-7 改为 1-9 以减少弹壳的磨损、重新设计的缓冲器以降低射击速度、不会勾挂植被的消焰器、保护弹匣以防止意外释放、枪托的清洁工具包等，后来还对枪管也进行了镀铬处理，并进行了另外一些小的改进。由于配发了清洁工具包和润滑油，再加上精心的清洁，使 M16 的可靠性得到了很大提升。

还是人抱怨 M16 的弹匣容易损坏、20 发的弹匣容量太小、枪托和抛弹口盖容易生锈、长时间射击护手板温度高得无法持握。而且由于 M16

步枪相对较轻、不够坚固，所以在白刃格斗中很吃亏。另外，M16也没有三发点射功能，要么全自动连射，要么单发射击。尤其是缺乏经验的新兵，经常一扳机扣到底，把弹匣里的子弹一下全部打光。

M16的有利之处是配备了更先进的瞄准镜，包括后觇孔的风向调节，后坐力较小，精度比AK47更高。在越南战争中，典型的作战距离都在100米以下，很少有超过200米距离的，在这样的近距离，其实AK47射击精度不高的问题并不太明显。AK系列射击精度较差，一个原因是后坐力较大引起的，另一个原因则是表尺位于前方，这样安排是为了防止视线模糊，但这减少了前后瞄准器之间的距离，进一步降低了精度。

AK47（包括中国仿制的56式冲锋枪）和AM在越南战场上被证明非常坚固耐用，能够在恶劣甚至是极端环境下正常使用。M16前护木和枪托经常会发生断裂，而56式和大部分AK的枪托都是木制的，可能会开裂，但很少会出现因为受潮而膨胀的问题，而且无论是因为环境还是战斗造成的损坏，木制枪托都很容易更换。AK突击步枪不需要特殊的润滑油和清洁工具，维护保养比较简单。越军士兵可以使用任何一种润滑油甚至是缝

图8-10 越南女民兵装备的也是56式。

纫机油来进行保养。再说，AK47即使长时间不进行清洁和保养，也能正常使用。在没有受过专业训练的人员手中，AK除了在枪身外部上油、向枪管内倒油和擦拭灰尘外，几乎不需要进行任何其他的清洁和保养。AK的内部宽容度非常高，不仅能够在有污垢的情况下照常使用，而且被灰尘、泥土或沙子堵塞也不会影响正常使用。

尽管存在很多争议，但和M16相比，AK无论在什么情况下，都更加坚固，更加可靠。

除了简单比较AK47和M16的性能参数外，还有其他因素需要考虑，特别是在设计和使用理念方面。无论这两种武器的优缺点如何，在许多情况下都会出现一种武器优于另一种武器的结论。

AK74是在AKM的基础上进行了小口径化，AK74比AKM重量略轻一些，不过由于增加了消焰器和枪口防跳器，使AK74的长度有所增加。而M16的最新改进型M16A4重量也增加了，枪长还比AK74长5厘米。M16A4重量增加的原因是为了加强坚固性而采用了更多的钢材。

尽管M16A4和M4的坚固性得到了改进，但容易受到灰尘和水的影响这一点仍然没有得到根本解决。在坚固耐用方面，多数人都认为AK系列突击步枪要强于M16。

AK系列的后期型号加装了可以安装夜视瞄准镜的导轨。而M16的后期型号则增加了皮卡尼汀导轨，可以安装各种夜视装置、激光瞄准模块、反射式瞄准镜、战术手电、前挡板等配件，这样一来，大大提高了战术实用性。

M16系列还有一个提把手柄，这是AK，甚至是机枪版本的PRK都没有的。这个提把手柄上还可以用来安装瞄准镜子。而且在M4、M16A3和M16A4上，这个提把手柄是可以拆卸的，进一步提供了使用灵活性。

如果装备 AK 系列和装备 M16 系列的步兵班交战，武器并不是胜负的决定因素。班长的组织领导能力、士兵的战术素养、以及作战经验的原因比武器更重要。毕竟，武器最终还是要靠人来掌握和使用。

AK47 和 M16 在性能上各有所长，难分伯仲，不过 AK47 是 1947 年问世的，M16 则于 1965 年才诞生，从这点上看，AK47 显然已经领先一步了。

图 8-11 就连沙特军队也有装备 AK47 突击步枪。

另外，AK47 的影响，不仅体现在军事上，在政治和文化上的影响也是巨大的。自 20 世纪 60 年代以来，这款被誉为"人民的武器"的突击步枪在几乎所有的战争和冲突中都发挥了重要作用。在美国等西方国家，AK47 是恐怖分子、反政府武装、游击队和黑帮分子的象征。但换个角度看，AK47 就是反抗西方殖民统治的象征。卡拉什尼科夫也经常为自己的发明辩护，称他设计 AK47 是为了把德国法西斯赶出祖国："我是为了保护祖国而发明的。对于政客们如何使用它，我无怨无悔，也不承担任何责任。"卡拉什尼科夫这样说，"我的发明所带来的破坏力与我无关。一件武器本身永远不会杀人。而是使用它的人必须决定，这才是错在哪里。我再次重申，我从来不是为了让人们互相厮杀才制造了这款武器。"但有时候他也为此后悔："我更希望发明一种人们能用得上的、能帮助农民干活的机器，比如说割草机。""卡拉什尼科夫现象"在许多饱经战乱的国家兴起。苏联人对卡拉什尼科夫的昵称是"卡拉什"，在一些非洲国家，卡拉什尼科夫经常被用作男孩的名字。在非洲，人们习惯于在 AK47 上涂上鲜艳的色彩和代表部落的符号，镶嵌黄铜钉和其他装饰品，包括彩色丝带和吉祥物，枪托上也有彩绘和手工雕刻的标语和图案。AK47 无疑是世界上最有辨识度的武器之一。

　　AK47 是世界上最受欢迎的突击步枪，空枪重量只有 4.3 千克，是锻造钢和胶合板的混合体，不会断裂，也不会卡壳，无论它被泥土覆盖，还

图 8-12 尼加拉瓜马那瓜市的桑地纳维亚的革命真英雄纪念碑上，被称为 "绿巨人" 的桑地纳维亚人肌肉发达的人，挑战式地将 AK-47 向天空仰射。

是被沙子灌满，它都能正常射击。的结构是如此的简单，即使是个孩子也能明白。苏联把 AK47 的图案刻在硬币上，莫桑比克把 AK47 的图案放在了国旗上。在尼加拉瓜，著名的"绿巨人"塑像就手持 AK47。

AK47 对西方世界的文化影响远比人们想象的要大。在西方世界，AK47 的知名度非常高，以至于 2004 年，英国一家公司与卡拉什尼科夫合作，在市场上推出了一款以卡拉什尼科夫命名的伏特加。这款伏特加酒最初是用普通的 1 升酒瓶装的，印有卡拉什尼科夫的头像，但在 2007 年，改为外形像 AK47 的特制酒瓶，将 AK47 的元素发挥到极致，结果销量相当火爆。

2004 年，俄罗斯在伊热夫斯克建起了卡拉什尼科夫武器博物馆和展览中心（又名卡拉什尼科夫博物馆），以促进这座以"AK 的摇篮"而著称的城市的旅游业。伊热夫斯克也是 NBA 犹他爵士队球员安德烈·基里连克的出生地，所以他的外号很自然就是"AK47"，他的球衣号码也是"47"。

2004 年 1 月，《花花公子》杂志在纪念创刊 50 周年的特刊上列出了

图 8-13 AK47 的故乡伊热夫斯克也是 NBA 犹他爵士队球员安德烈·基里连克的出生地，所以他的外号很自然就是"AK47"，他的球衣号码也是"47"。

步枪之王：
AK47 传奇

改变世界的 50 种产品。AK47 突击步枪也名列其中，而且排名第四，仅次于苹果电脑、避孕药和索尼 Betamax 视频播放器。

AK 也对美国的枪支文化产生了很大影响。由于 AK 不是美国制造的突击步枪，而且在美国的宣传里一直都是恐怖活动的象征，所以被禁止进口，这甚至引起了美国国内枪支管制的争论。

1982 年，埃及马迪公司仿制 AKM 的 Misr 自动步枪成了第一种进口到美国的 AK 系列枪械。这些步枪和其他进口的步枪一样，都按照美国法律取消了全自动连发功能，只是半自动步枪。马迪公司的生产线是在苏联工程师的帮助下建立的，部分技术人员还曾在苏联受过培训。

不久以后，中国的 56 式冲锋枪也进入了美国市场。埃及的 Misr 自动步枪售价超过 1000 美元，中国的 56 式售价不到 300 美元，在价格上优势很大。接着，匈牙利和南斯拉夫仿制的 AK 也进入了美国。尽管大多数购买者都是守法公民、收藏家和竞技射击爱好者，但和任何武器一样，这些 AK 也被一些被犯罪分子和精神不正常的人获得。在杀人、抢劫等恶性犯罪事件中，多次出现使用 AK 步枪的情况。警方在与手持 AK 步枪的犯罪分子交锋时，往往会发现执法人员的枪支火力不足，即使在警察使用 M4

图 8-14 这支缴获的 AK47 的弹匣和枪托用蓝色的装饰胶布包住了枪托。这种装饰在世界许多地方都很常见。

和 M16 的情况下也是如此。

因此，美国政府在 1989 年宣布禁止进口某些不符合特定标准的步枪。具有讽刺意味的是，这使得已经进口但尚未销售的武器成为了抢手货，还带动了禁售令之前就已进口的 AK 步枪和其他武器以及零部件的价格持续走高。一些公司还对这些武器进行了改造，使其符合美国的进口标准。然而，这些武器的性能其实与禁售令宣布之前的 AK 一样。AK 的部件也是在美国生产的，主要是下机匣，组装是用进口部件完成的。由于禁售成效甚微，禁售令于 2004 年到期。

此外，战乱地区的冲突平息后，很多人都不愿意交出武器，主要是担心战乱还会再次爆发，或者害怕遭到报复。尽管进行了收缴武器的工作，但在不少拉丁美洲国家，AK 突击步枪和其他武器还是落入街头帮派、犯罪团伙和其他个人手中，成为犯罪率居高不下的原因之一。在伊拉克，上缴一支 AK 步枪可以获得 125 美元，在高价回购的刺激下，有数千支 AK 被买回，但上缴的大都是过时、废旧和破损的武器，而性能完好的 AK 大都被藏匿起来。

AK 突击步枪的价格从几美元到一千多美元不等，而弹药则从几美分一发到一块多美元一发。而在发展中国家的公开市场和黑市上，一支 AK 的价格通常在 100 到 400 美元。AK 几乎在全世界任何地方都可以买到，以至于叛乱分子、黑帮和民兵甚至不需要担心备件的问题，很多多余的 AK 都会被拆解来提供零件。弹药的供应更是非常广泛，因为现在很多国家都在生产弹药，全世界有大量的库存弹药。生产 7.62×39 毫米步枪弹的国家包括亚美尼亚、波斯尼亚和墨塞哥维那、巴西、中国、保加利亚、捷克、埃及、芬兰、匈牙利、印度、印度尼西亚、伊朗、以色列、朝鲜、巴基斯坦、波兰、葡萄牙、罗马尼亚、俄罗斯、塞尔维亚、斯洛伐克、韩国、美国、委内瑞拉等几十个国家。

AK47 对国际军火贸易的影响，可以说比任何其他武器都要大得多。除了确立了什么是突击步枪的标准之外，还最早证明了一种基本设计可以用于一系列衍生设计，从冲锋枪到轻机枪再到狙击步枪，减少了设计和研制时间，使训练更容易，而且零件可以互换通用。AK47 也为将简单性和可靠性融入武器的设计树立了典范。毫无疑问，AK47 传奇般的坚固性是一大优势，也是现在任何新武器都想达到的目标。如此多的新式武器都与AK47 有着惊人的相似之处，这显然不是偶然的。

虽然有不少新的突击武器想取代 AK，但这无疑是很困难的，尤其是AK 还没有达到设计的极限。新的功能和新的制造技术，以及更轻更强的复合材料，都可以用来对 AK 进行提升和改进。尽管这些改进会提高成本，但会提升武器紧跟时代的竞争力。

有人说，AK 已经无法进一步改进了，需要一种全新的设计来实现进一步的突破。不过，据说正在研制反后坐力 AK，可以消除后坐力，提供

图 8-15 苏式 7.62×39 毫米步枪弹。

更准确、更容易操控的突击步枪。随着老式 AK 因为使用年限逐渐到期，以及 2000 年后新型号的产量增加，AK 的供应量还在扩大。

毫无疑问，AK 系列突击步枪，在未来很长一段时间内，甚至未来几代人都会继续使用。

由于 AK47 具有性能可靠、生产简便、坚实耐用、火力强大等众多优点，所以一经问世就大受欢迎，连同后来的改进型 AKM、AK74 以及各种仿制型号，庞大的 AK 家族的总产量超过 1 亿支，死在这款枪下的冤魂有数百万之多，因此成为世界上最著名的一款突击步枪，并且出现了很多流传极广的 AK 神话。

据说在越南战争期间，不少越共游击队员将 AK 藏在稻田的泥浆下，装成在田里劳作，只要美军从稻田边的公路上经过，就立马从泥浆里抽出 AK，随手甩去泥水，就可以开火射击！简直是水火不侵的百炼神兵。

于是有好事者进行了模拟试验：将一支 AK47 放到手推车里，然后往手推车里倒泥浆——请注意，枪口和枪管前段始终是干净的，没有被灌入泥浆，而且已经关上了保险和防尘盖，在这个情况下不会露出机匣盖和枪械机匣之间的空隙，所以也就不可能通过这个空隙让泥浆大量进入 AK47

图 8-16 AK47 放入手推车，再倒入泥浆，请注意枪口和枪管前段是干净的。

图 8-17 AK47 打出了第一发子弹就卡住了，而这第一发子弹其实是在扣动扳机之前就已经上膛了的。检查枪械，请注意拉机柄的位置，可以很清楚地看到拉机柄停留在后方，而没有空仓挂机装置的 AK47 在正常情况下是不可能出现这样的情况，唯一的解释就是——枪机被泥浆卡住了所以在射出第一发子弹后无法正常复位。

枪膛内部，也就是说，这是在最好的保护状态下进行的测试。

然后，从泥浆中拿出 AK47，抖落枪上的泥浆，扣动扳机开始射击，会出现什么情况？AK47 只打出了第一发子弹就卡住了。而这第一发子弹其实是在扣动扳机之前就已经上膛了的。检查枪械，请注意拉机柄的位置，可以很清楚地看到拉机柄停留在后方，而没有空仓挂机装置的 AK47 在正常情况下是不可能出现这样的情况的，唯一的解释就是——枪机被泥浆卡住了，所以在射出第一发子弹后无法正常复位。

在将枪械清洗干净后，AK47 就恢复了正常工作。

图 8-18 被泥浆卡住的 AJ47 的枪机特写。

再来一次。

和第一次的情况完全一样，在打出第一发子弹后再度卡壳，由于知道了问题所在，枪手就用力向前砸、推拉机柄，希望能够强行帮助枪机复位从而推动子弹上膛，但是，什么用也没有，枪机被泥浆牢牢卡住，根本无法正常工作。

答案很清楚，将 AK47 埋在泥浆里，拿出来只要甩去枪上的泥浆就能开火，完全是瞎扯。虽然 AK47 在满是泥浆的情况下，只要简单清洗马上就能恢复射击，可靠性确实比其他枪械要强，但在真正严重的外部污染情况下，同样不能正常工作。也就是说，AK47 在恶劣环境下的可靠性也是有限度的，并不像传说中那样神奇[②]。

图 8-19 AK47 虽然可靠性很好，但也不像传说中那样神奇。

---

② 网上有 Ak47 进行泥沙浸泡后射击测试的视频，网址为 https://m.bilibili.com/video/BV1nJ411K7k2?buvid=XY22DF825AAE8BEE22FD969BCB3DDD076341B&is_story_h5=false&mid=CUPQyf1lG9gYJXrFMpV2Rg%3D%3D&p=1&plat_id=116&share_from=ugc&share_medium=android&share_plat=android&share_session_id=5c8ecfb4-0930-4ec0-9f40-18edd153999e&share_source=WEIXIN&share_tag=s_i&timestamp=1679628020&unique_k=TXEZZdV&up_id=40607053

再来说说第二个流传更广的 AK 神话：由于 AK47 性能卓越，所以在越南战争中，美军士兵经常会在战场上扔下自己的 M16 突击步枪，捡起 AK47 进行战斗。

仔细一分析，这个传说同样破绽百出。

第一，美军士兵都是接受过系统正规的训练的，后勤保障充分，不是"没有枪没有炮"的游击队，在没有完全掌握对方武器原理的情况下是不可能贸然捡起对方遗留的武器来使用的，何况 AK47 是 7.62 毫米口径，M16 是 5.56 毫米口径，两者子弹根本无法通用。捡起地上的 AK47——最多也就满满一弹匣 30 发子弹，可能只有十几发，甚至更少——弹匣里的子弹打完了怎么办？在子弹横飞的战场满世界再去找子弹？如果你在战场上，会这样做吗？

第二，AK47（包括中国仿制的 56 式）是越军装备量最大的突击步枪，美军士兵对 AK47 的枪声可以说是非常熟悉，设想一下，在战斗中，突然己方战线中出现了 AK47 的射击声，在战场上高度紧张的情况下，恐怕第

图 8-20 装备德国 HKM27 的美国海军陆战队士兵。

一反应就是敌人已经渗透进来了，本能地就会向 AK47 枪声的方向射击。所以贸然使用 AK47 是很容易引来己方火力的，你敢冒这样的危险吗？

第三，如果 AK47 性能确实如此超群，远远领先于美军自己的突击步枪，那么为什么美军不进行仿制并装备部队呢？以美国的轻武器研制生产水准，要想仿制 AK47 应该毫无困难吧。要知道美军从来都是实用至上，不讲什么虚头巴脑的脸面，只要是真的好东西，肯定会拿来使用。最典型的例子就是美国海军陆战队引进并装备了德国的 HKM27 自动步枪。

所以美军士兵扔下 M16 捡起 AK47，完全就是那些 AK47 铁粉纯粹为了吹捧 AK47 而编造出的段子。

当然，美军特种部队为了执行侦察、渗透、袭击等特殊任务而使用 AK47，那是为了不暴露身份、更好地伪装自己的特例，不能作为主流现象。

AK47 突击步枪虽然具有非常多的优点，但缺点也着实不少。

第一，人体工程极差。这也是苏式装备的一大特色，所以握持很不方便，而且质量较重，空枪就有 4.3 千克，再加上 30 发弹匣，全枪超过 6.5 千克。这样的重量对于个子瘦小的士兵来说，背着 AK 行军、奔跑、攀爬、跳跃，绝对是个不小的负担。

第二，后坐力较大，如果是连发情况，后坐力就更大，一般身体单薄的士兵或者女兵连发时都很难扛得住如此之大的后坐力。而且后坐力太大会导致连发射击时，枪口出现严重的上跳现象，因此射击精度在同类的突击步枪中是属于很差的。

第三，射击速度过快。每分钟能够达到 600 发，AK47 最常见的 30 发弹匣只需要短短 3 秒钟就全部打完了，就是改进型 AKM 的最大容量 100 弹匣，一口气打光也只要 10 秒钟。火力是够猛了，但弹药消耗也大，

图 8-21 正使用 AK47 的库尔德女兵，请注意，她采用的是单发射击模式，连发射击时后坐力太大，女兵根本控制不住。

一个士兵随身能带多少弹匣，实战中够打多少时间？

第四，射击模式单一。只有单发和连发和两种，在实战中选择余地太小，单发吧，火力不够密集，无法进行压制射击；连发吧，射速是大了，火力密集了，但是弹药消耗太快，3 秒钟打光 1 个弹匣，一个士兵最多带几个弹匣，能坚持多久？一些西方国家的突击步枪大都有 3 发点射的功能选择，这样既能发挥短点射的压制作用，又能很好地控制射击节奏，更重要的是能够大大节约弹药。

第五，没有空仓挂机功能。这是在对抗激烈的实战情况下，更换子弹的速度肯定会大受影响，自然也会影响到射手的反应能力，而且对射手来说，战斗中子弹打完而没有任何提醒，生死关头的瞬息停顿和迟疑，都会直接影响到射手的安全。

第六，生产工艺太差。枪械的金属表面处理很粗糙，典型的苏式风格，不但手感很不舒服，在进行分解组合以及清理枪膛时，稍不留神就会蹭掉一块皮、划开一道口，这也是使用 AK 步枪的基层官兵最为痛恨的。

第七，金属原料和加工都比较差。表面很容易生锈氧化，需要勤擦勤保养，日常维护保养太麻烦。

第八，早期型 AK47 采用木制枪托，木枪托容易断裂，而且不够灵活。后期出现了折叠式枪托，但强度又不够，使用一段时间后，枪身和枪托的连接部件会有明显的松动！如果战时进行白刃战，就是最大的软肋了。

图 8-22 采用木制枪托的 AK47 早期型号。

第九，AK47 包括早期型的 AKM，改进升级空间不多，不能加挂任何附件，等于是断绝了利用加挂战术附件来提升性能的渠道，没有可持续发展的空间。

够了，已经列举"九大罪状"了，AK 铁粉要跳着脚拍砖了，还是给老卡留点面子。

但是毋庸置疑，AK47 的底子还是很不错的，一些西方枪械公司在 AK47 的基础上进行改装，例如金属表面优化处理，增加 3 发连射模式等，这种东西合璧的改进型可比原版的 AK47 用起来称手多了。

1956 年中国引进苏联的生产线开始仿制 AK47，制造出 56 式冲锋枪。AK47 的缺陷，56 式自然不可能从根本上进行纠正，但正是从 56 式的仿制生产开始，建立起了中国的轻武器生产体系，从这点上说，56 式功不可没。

中国也同样仿制生产了 AK47 的后继型号 AKM。国产版 AKM 还在原型基础上进行了进一步的改进，为了克服后坐力太大引起枪口严重上跳从而导致射击精度低的缺陷，在枪口加装了防跳制退器。不过这种优化升级版基本上都是外贸型号，主要用于出口，而没有装备中国军队。令人费解的是，通常外贸型号的性能都比自用型的要差一点，例如当年苏联外贸型的武器都被称为"猴型"，性能上比苏军自用型号差一个档次，美国也是如此。倒是我国却正相反，外贸型要胜过自用型。

在众多的仿制 AK 型号中，中国的 81 式突击步枪被公认为最好的仿制版。在缅甸内战中，81 式突击步枪表现非常出色，深受好评。虽然 81 式很快就被 95 式所替代，不少老兵还是对 81 式更为偏爱。因为尽管 AK

图 8-23 中国 56 式外贸版为了克服后座力太大引起枪口严重上跳从而导致射击精度低的缺陷，在枪口加装了防跳制退器。

存在不少先天缺陷，但经过这么多年的使用和技术消化，已经在 81 式上有所提升和改进，相对比较成熟了。而 95 式虽然采用更多的先进技术，但是又出现了不少新问题。所以很多老兵觉得还是 81 式用起来更为顺手。

所以，AK 能够成为世界上产量最大的突击步枪，历经 70 多年而长盛不衰，一定有其可取之处。希望这本书能让您对 AK 系列有一个比较全面而客观的认识。

图 8-24 很多西方枪械公司也都对 AK 系列枪械进行了改装，使其性能得到进一步提升。

致 谢

在本书的选题策划、写作、编辑过程中，得到了很多对枪械有兴趣、有研究的朋友的大力支持，尤其是江苏南京的杨再辰、山东寿光的陈志平、吉林延吉的李巍、上海的奚基成、云南红河的"战车营"对本书贡献颇多，特此致谢。

另外，上海社会科学院出版社的陈如江、霍覃两位编辑老师，为本书能顺利出版也付出了很多心血，在此向两位表示诚挚的感谢。

本书内文如有疏漏之处，敬请各位读者不吝指正。

感谢所有为本书出版提供过帮助的所有师友！

周明

2023 年 3 月